Visual Dictionary Book of Starry Sky

夜空を見るのが楽しくなる！
星空図鑑

多摩六都科学館
齋藤正晴 著
Saito Masaharu

池田書店

大自然とともに
大地に降る流れ星

一晩に何万個もの流れ星が降り
注いだ、しし座流星群が最盛期
の頃。満天の星の中、大地に流
星が降り注ぐ光景には、美しさ
とともに自然に対する畏怖の念
を感じる。明るい流星が残す流
星痕も、星空に描くアート作品
のようだ。

2001 年 11 月 19 日未明
八ヶ岳連峰 三ツ頭山頂
撮影／牛山俊男

時間を超えて
朝と夜を分ける天の川

薄明が進むテカポ湖畔に立つ「善き羊飼いの教会」の上に昇る南十字星。さらに上方に大マゼラン雲と小マゼラン雲も写る。南半球の天の川が天空を斜めに横切り、朝の光と夜の闇を分けるように流れる。教会左には人工衛星の光跡も見える。

2012年9月中旬の夜明け
ニュージーランド南島テカポ
撮影／牛山俊男

星 降 る 夜

星 空 に 手 を の ば す

街明かりのない空が暗い場所で
は、手が届きそうなぐらい星空
を近くに感じる。しかし星々は
地球から遠く離れたところで輝
いている。人は遥か遠くにある
星の美と神秘に触れるため、地
上から望遠鏡を星に向け続けて
いる。

2015 年 7 月中旬
ニュージーランド 南島 マウント・ジョン
撮影／牛山俊男

都市と星空
街明かりと星明かり

地上で暮らす人間の営みと、天
空に広がる星空。別々の世界の
ように見える2つの景色は、街
明かりの上に横たわる雲によ
り、その境界を曖昧にされるか
のようだ。街中では星は見えな
いだけで、確かに私たちの頭上
で輝いている。

2016 年 10 月中旬
山梨県北杜市
撮影／牛山俊男

はじめに

「みなさまには、本日の日の入りからご覧いただきましょう」

プラネタリウムでの私の解説は、いつもこのセリフで時計が進み出します。BGMとともに太陽が西の地平線に近づくと、夕焼けの中で一番星を指さす人も1人、2人と増えていきます。その後に広がる満天の星に感嘆の声が聞こえてくると、その一体感に私もワクワクするのです。

いつでも星が見えるプラネタリウムに求められることは多種多様です。星の下でリラックスしたい、星座や神話について聞きたい、自分で星を探せるようになりたい……要望に応えつつ、みなさんと一緒に星を楽しむことを心掛けて私は解説をしています。

本書ではプラネタリウムで星をご案内する感覚で、南半球の星座も含めた全88星座を写真や図とともに紹介しています。星座や星を知りながら、星空を散歩するイメージでお楽しみいただければ幸いです。そして本の中で星空散歩を楽しんだのちには、ぜひ実際の空で星をご覧になってください。星の輝きや実際の空で見る星座の大きさをご自分の目で確かめていただくと、この本の表現とはまた違った印象を持たれるかも? それでは、本書での星空の散歩を始めましょう。

多摩六都科学館

齋藤正晴

contents

はじめに　　10
本書の使い方　　14
本書に登場する天球儀について　　16

☀ 星空散歩を楽しむための基本知識 ………………… 18

星座とは　18　　　星座の成立　18　　　目印となる星の並び　19
恒星について　20　　　銀河、星雲、星団とは？　24
流星、流星群とは？　24　　　全88星座リスト　26

☀ 春の星座 …………………………………………………… 30

◉ **春の夜空を見上げてみよう**　　30
◉ **春の星空散歩**　32
　春の星々の見つけ方　32
　南の星座　34　　　北の星座　36
　3月の星空　38　　　4月の星空　40　　　5月の星空　42

うしかい座 ……………………… 44
おとめ座 ………………………… 48
しし座 …………………………… 52
おおぐま座 ……………………… 56
こぐま座 ………………………… 60
りょうけん座 …………………… 64
かんむり座 ……………………… 66
からす座 ………………………… 68
コップ座 ………………………… 69

うみへび座 ……………………… 70
かに座 …………………………… 72
ポンプ座 ………………………… 74
ケンタウルス座 ………………… 76
おおかみ座 ……………………… 78
ろくぶんぎ座 …………………… 79
やまねこ座 ……………………… 80
こじし座 ………………………… 81
かみのけ座 ……………………… 82

☀ 夏の星座 …………………………………………………… 84

◉ **夏の夜空を見上げてみよう**　　84
◉ **夏の星空散歩**　86
　夏の大三角を楽しもう　86
　南の星座　88　　　北の星座　90
　6月の星空　92　　　7月の星空　94　　　8月の星空　96

こと座	98	てんびん座	122
わし座	102	りゅう座	126
はくちょう座	104	こぎつね座	130
さそり座	108	いるか座	132
へびつかい座、へび座	112	や座	134
ヘルクレス座	114	さいだん座	135
いて座	116	ぼうえんきょう座	136
たて座	120	じょうぎ座	137
みなみのかんむり座	121		

☀ 秋の星座 138

⊙ 秋の夜空を見上げてみよう　138

⊙ 秋の星空散歩　140
秋の四辺形から見つける　140

南の星座　142　　北の星座　144

9月の星空　146　　10月の星空　148　　11月の星空　150

ペガスス座	152	みなみのうお座	180
こうま座	155	おひつじ座	182
アンドロメダ座	156	さんかく座	185
カシオペヤ座	160	とかげ座	186
くじら座	164	ほうおう座	187
ペルセウス座	166	つる座	188
ケフェウス座	170	インディアン座	189
みずがめ座	172	ちょうこくしつ座	190
うお座	176	けんびきょう座	191
やぎ座	178		

☀ 冬の星座 192

⊙ 冬の夜空を見上げてみよう　192

⊙ 冬の星空散歩　194
1等星で結ぶ冬の大三角と冬のダイヤモンド　194

南の星座　196　　北の星座　198

12月の星空　200　　1月の星空　202　　2月の星空　204

オリオン座	206	はと座	227
おおいぬ座	210	きりん座	228
こいぬ座	213	かじき座	229
おうし座	214	とも座、らしんばん座、	
ふたご座	218	りゅうこつ座、ほ座	230
エリダヌス座	221	ちょうこくぐ座	234
ぎょしゃ座	222	ろ座	235
いっかくじゅう座	224	がか座	236
うさぎ座	226		

✦ 南半球の星座 ……………………………………… 238

みなみじゅうじ座	239	とびうお座	242
はえ座	239	みなみのさんかく座	243
カメレオン座	240	コンパス座	243
ふうちょう座	240	はちぶんぎ座	244
くじゃく座	241	とけい座	244
きょしちょう座	241	レチクル座	245
みずへび座	242	テーブルさん座	245

✦ 太陽系の星たち ……………………………………… 246

太陽系とは　246　　太陽系の8つの惑星　248
地球の唯一の衛星、月　250

プラネタリウムの魅力　252
多摩六都科学館　253
主要用語さくいん　254

失われた星座たち　47　／アイヌの星座　51　／勇者ヘラクレスと怪物たち　55
北極星を中心におく中国星座　63　／七夕の星、ベガとアルタイル　101
さそり座と中国星座　111　／いて座と中国星座　119　／『銀河鉄道の夜』の道すじ　125
りゅう座と中国星座　129　／プラネタリウム弁士・河原郁夫氏　133
秋の四辺形と中国星座　154　／秋の星座と古代エチオピア王家の物語　159
カシオペヤ座と中国星座　163　／ペルセウスの冒険　169　／水に関係する秋の星座　174
黄道十二星座について　184　／キトラ古墳の天文図　209　／ラカイユの星座　237

本書の使い方

本書の図鑑ページでは、全天88星座を日本で見られる季節ごとと南半球とに分類して解説しています。また、太陽系の惑星や、月についても紹介しています。

◉ 基本データ

面積、20時正中、設定者を記しました。

※データは株式会社アストロアーツの「ステラナビゲータ12」、『天文年鑑2024年版』（誠文堂新光社）に準拠しました。

※正中とは子午線通過ともいい、天体が真南または真北に位置することです。

◉ 星座名

星座名と学名、星の特徴をひとこと紹介。

◉ 星座絵

株式会社アストロアーツの「ステラナビゲータ12」で作成した星座線と星座絵、および境界線を掲載しました。

◉ α星の紹介データ

星座のメインとなるα星の名称、等級および距離を記しています。α星がない場合は、β星などを紹介しています。

※データは株式会社アストロアーツの「ステラナビゲータ12」、『天文年鑑2024年版』（誠文堂新光社）に準拠しました。

◉ 解説文

星座の特徴や、星座にまつわるエピソードを紹介しています。

● 実際の夜空

実際の夜空で見える星座の様子です。星空の美しさを楽しみながら星探しをしてみましょう。

● 見つけるコツ

星座を見つけるポイントを、適宜解説します。

● 星図ページの見方 ●

各季節の星座紹介に先立ち、星空の様子を確認できる星図を載せています。

半円の星図

「南の星座」は南を向いたとき、「北の星座」は北を向いたときの星空の様子です。半円の弧の中央が天頂（観察者の真上にあたる天球上の点）になります。

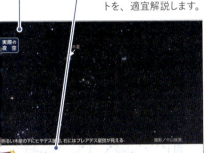

明るい木星の下にヒヤデス星団、右にはプレアデス星団が見える　　撮影／牛山俊男

全天の星図

空全体を、大きな円と考えて表した星図です。図の中央が天頂になります。本書では、各月ごとの夜空の変化を、この全天の星図で紹介しています。

見つけるコツ　オリオン座から1等星と星団を探す

オリオン座の三ツ星から視線を西側にのばすと、おうし座のアルデバランがあります。さらに、そのまま西側に視線をのばして見つかる6〜7つほどの星の集まりがプレアデス星団になります。

主な天体

■ M45 プレアデス星団

おうし座の肩のあたりにある散開星団です。ギリシャ神話によれば女神プレイオネと天を支える神アトラスの間に生まれた7人姉妹の姿だといい、星々の名前の由来にもなっています。街中でもふつうの恒星とは異なる見え方でわかります。

また、プレアデス星団には様々な呼び名が伝えられ、「ロクジゾウサン（六地蔵さん）」や「シチフクジンボシ（七福神星）」など、信仰の対象ともなっていたことがうかがえる呼び名もあります。

🌙 オリオン座からプレアデスの乙女たちを守る牛、と紹介されることもあります。

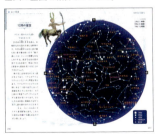

● 各種ミニコラム

星座をめぐるエピソード、見どころ、天体の特徴など星座をより詳しく知るための様々な情報のコーナーです。

● 欄外コーナー

解説の補足や豆知識を記載しています。

● 主な天体

1等星や星雲、二重星などその星座の領域にある有名な天体を紹介しています。

本書に登場する天球儀について

天球儀とは

　地上で星空を眺めると、星々は空の丸天井にはりついているように見えます。この仮想の丸天井を天球と呼び、これを模型にした球体が天球儀です。天球儀には星座や天体とともに黄道(こうどう)などが描かれ、天体の見かけの動きも再現できます。天球儀では、地球（天球の内側）から眺める空が外側から見る状態で表されるため、星の位置も実際の空の鏡像で描かれているのも特徴です。

　大航海時代には、自分の位置を把握する道具として地球儀とともに航海で使われました。芸術品としても重宝され、大変美しい星座絵が描かれています。このような昔の天球儀を古天球儀と呼びます。本書では記載された文字にも言及するため、古天球儀の画像をそのままで掲載します。

実際の星空を表現した星座絵のおうし座とオリオン座（左）は、天球儀では鏡像になっている（右）。天球儀のオリオン座の近くには Orion の文字が確認でき、天球儀においてはこの向きが正しいことがわかる

本書に登場する天球儀たち

　天球儀は、製作された年代によって描かれる星座の様子も変わります。本書では次の天球儀の画像をふさわしい項目で紹介します。また、参考

文献をもとに、天球儀に示された記録や星座の情報を検証しつつ考察を加えました。

- アラブ＝クーフィー様式の天球儀　（バレンシアもしくはモロッコ、1080年頃に製作）
- ホンディウスの天球儀　　　　　　（アムステルダム、1600年製作）
- バラデルの天球儀　　　　　　　　（パリ、1750年製作）
- ラランデの天球儀　　　　　　　　（パリ、1775年製作）

国立フランス図書館所蔵の古天球儀

　本書で紹介する古天球儀の図は、大日本印刷株式会社（以下DNP）の協力を得て掲載しています。これらは国立フランス図書館（以下BnF）が所蔵する貴重なコレクションのうち、11〜18世紀につくられた古天球儀の高精細画像です。DNPはBnFとともに3Dデジタル化に取り組み、その画像は展示物やプラネタリウム番組にも活用されています。

ホンディウスの天球儀

今回掲載している天球儀の中で最も有名なのは、ヨドクス・ホンディウスの天球儀かもしれません。この天球儀は17世紀を代表する画家フェルメールの作品である『天文学者』にも描かれており、天文学者が触れようとしている球体こそ、このホンディウスの天球儀だといいます。同じフェルメールの『地理学者』という作品には、地理学者の後方にホンディウスの地球儀が描かれており、当時は実用品として天球儀と地球儀がセットで製作されていたこともうかがい知ることができます。

ヨドクス・ホンディウスの天球儀（レプリカ、大日本印刷株式会社蔵）

17

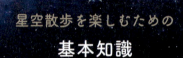

星空散歩を楽しむための
基本知識

● 星座とは

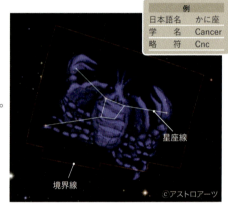

例	
日本語名	かに座
学　名	Cancer
略　符	Cnc

星座線

境界線

©アストロアーツ

　星を結んで形をつくる星座には、決まった絵や線の結び方はありません。定義された領域の星々を自由に結び、自分なりの星座の姿をイメージすることもできます。

　また、ふつう日本語の星座名はひらがな、外来語にはカタカナを用います。学名ではラテン名が使われ、略符は一般的に3文字で表記します。たとえば、かに座の学名はCancer、略符はCncと表記します。

● 星座の成立

　現在使用されている星座はギリシャ神話と結びついて紹介されることがほとんどですが、これらは古代メソポタミア地域に起源を持ち、5000年ほど前には成立していたと考えられています。

　2世紀頃にアレクサンドリアで活躍した学者プトレマイオスは当時知られていた48の星座をまとめ（「トレミー星座」とも呼ばれます）、約1500年間使われ続けました。

その後、大航海時代を経た17世紀以降は南半球の星座を含めた新設星座が乱立する事態となり、1922年の国際天文学連合総会にて現行の88星座に整理されました。

さらに1928年には星座の境界線が採択されます。この決議に基づいた『星座の科学的な境界』が1930年に出版されて、現在の星座の領域に落ち着くことになりました。

目印となる星の並び

「北斗七星」や「夏の大三角」のような特徴的な星の並びは「アステリズム」と呼ばれ、国際天文学連合で定められた星座とは異なります。春には北斗七星や「春の大三角」、夏には「夏の大三角」、秋には「秋の四辺形」、冬には「冬の大三角」など、各季節の代表的なアステリズムを覚えておくと星や星座を探しやすくなるはずです。本書でもアステリズムから星や星座を探す方法をいくつか掲載していますので、ぜひ実際の空での星探しに挑戦しましょう。

夏の大三角
©アストロアーツ

秋の四辺形
©アストロアーツ

恒星について

◉ 恒星の呼び名

プラネタリウムでは、星座だけでなく明るい星の名前も紹介します。「こと座のベガ、わし座のアルタイル」というようなセリフは、みなさんもよく聞くと思います。

このベガやアルタイルという呼び名を固有名といい、アラビア語やラテン語などが由来になっているものが多くあります。ちなみに日本における固有名の例をあげると、よく知られている七夕の「織女星（織姫）」がこと座のベガ、「牽牛星（彦星）」がわし座のアルタイルにあたります。ほかにも多くの固有名を持つ星があります。

◉ 恒星の学名はバイエル名を使う

恒星には学名もあります。星座の領域が決定されたことで、どの恒星も必ずどれかの星座に所属することになったため、恒星名は原則として星座ごとに明るい星から順に、ギリシャ文字（α, β, γ……）で呼ばれます。星座の略符とともに用いられ、たとえば、ベガはこと座のα星（α Lyr）、アルタイルはわし座のα星（α Aql）と表記するのです。これはドイツのバイエル(J. Bayer)が名づけたことから「バイエル名」ともいいます。ただしこれには例外もあり、おおぐま座に含まれる北斗七星のように、星の配列順に名づけられたケースもあります。

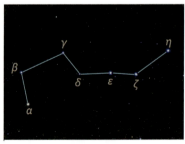

北斗七星のバイエル名

星空散歩を楽しむための **基本知識**

■ **ギリシャ文字の読み方**(ギリシャ文字は小文字のみ)

アルファ	ベータ、ビータ	ガンマ	デルタ	イプシロン	ゼータ
α	β	γ	δ	ε	ζ
エータ、イータ	シータ	イオタ	カッパ	ラムダ	ミュー
η	θ	ι	κ	λ	μ
ニュー	クシー、クサイ	オミクロン	ピー、パイ	ロー	シグマ
ν	ξ	o	π	ρ	σ
タウ	ウプシロン	フィー、ファイ	キー、カイ	プシー、プサイ	オメガ
τ	υ	ϕ	χ	ψ	ω

● **星の明るさ**

目で見える星の明るさは、1等星、2等星、3等星……という「等級」で表されます。人間の目でやっと見えるような暗い星は6等星で、1等星と6等星では明るさが100倍ほど違います。1等級違うごとに明るさは約2.5倍違うことになりますが、これを1等星より明るい星にあてはめると、1等星よりも約2.5倍明るい星を0等星、0等星より約2.5倍明るい星は−1等星と呼びます。

そのため、同じ1等星と呼んでいても、おおいぬ座のシリウスは−1.44等級、おうし座のアルデバランは0.87等級となります。本書では各星座のα星についてマイナスを用いた数値データも掲載していますが、解説文中では原則としてすべて1等星と表記します。

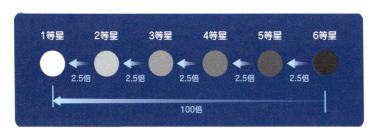

変光星について

　星そのものの明るさが変化する恒星を「変光星」といい、くじら座o星（P.165）が初の変光星として報告されました。その後、ミラ（驚くべきもの）と名づけられたこと

変光星ミラが明るい時期（左）と暗い時期（右）

からも、変光星に対する当時の人々の驚きが伝わります。

　現在では多くの変光星が発見され、脈動変光星や食変光星など変光の原因で分類されます。本書の星図では、λTau（おうし座λ星）、oCet（くじら座o星）、δCep（ケフェウス座δ星）、βLyr（こと座β星）、βPer（ペルセウス座β星）を変光星として表示しています。

星の色と表面温度

　恒星そのものの色の違いは表面温度により決まります。一般的に表面温度が低い星ほど赤っぽく、表面温度が高い星ほど青白っぽく見えます。

　たとえば、オリオン座にある2つの1等星を比較すると、ベテルギウスの表面温度は約3000℃で赤っぽく、リゲルは約1万2000℃で青白っぽく見えます。ちなみにぎょしゃ座のカペラ（P.223）は約6000℃で、私たちの太陽とほぼ同じ表面温度で似たような色をしています。

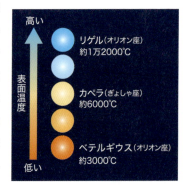

星空散歩を楽しむための **基本知識**

・・・ 1等星リスト ・・・

全天には 21 個の 1 等星があります。

固有名	星の名（バイエル名）	明るさ(等級)	距離(光年)
シリウス	おおいぬ座α星（α CMa）	− 1.44	8.6
カノープス	りゅうこつ座α星（α Car）	−0.62	313
ケンタウルス座のα星 （明るさは重星を考慮した実視等級の参考値）	ケンタウルス座α星（α Cen）	−0.28	4.4
アルクトゥールス	うしかい座α星（α Boo）	−0.05	36.7
ベガ	こと座α星（α Lyr）	0.03	25.3
カペラ	ぎょしゃ座α星（α Aur）	0.08	42.2
リゲル	オリオン座β星（β Ori）	0.18	773
プロキオン	こいぬ座α星（α CMi）	0.40	11.4
アケルナル	エリダヌス座α星（α Eri）	0.45	144
ベテルギウス	オリオン座α星（α Ori）	0.50	427
ハダル	ケンタウルス座β星（β Cen）	0.61	525
アルタイル	わし座α星（α Aql）	0.76	16.8
アクルックス	みなみじゅうじ座α星（α Cru）	0.77	321
アルデバラン	おうし座α星（α Tau）	0.87	65.1
スピカ	おとめ座α星（α Vir）	0.98	262
アンタレス	さそり座α星（α Sco）	1.06	604
ポルックス	ふたご座β星（β Gem）	1.16	33.7
フォーマルハウト	みなみのうお座α星（α PsA）	1.17	25.1
デネブ	はくちょう座α星（α Cyg）	1.25	3230
ミモザ	みなみじゅうじ座β星（β Cru）	1.25	353
レグルス	しし座α星（α Leo）	1.36	77.5

※本表では、星が明るい順に紹介しています。
※固有名と明るさは、「ステラナビゲータ 12」（ケンタウルス座α星のみ『天文年鑑 2024 年版』による実視等級）を参照しています。

銀河、星雲、星団とは？

夜空には恒星や惑星、月だけではなく、銀河、星雲、星団のような天体も数多く見えます。

- 銀河…私たちの銀河系のように非常に多くの恒星や星間物質を含む天体
- 星雲…星間物質が集まり、明るく輝いたり光を吸収し暗くなったりする、雲のように見える天体
- 星団…互いの重力によりまとまった構造を持つ星の集団で、散開星団や球状星団がある

アンドロメダ座 M31 アンドロメダ銀河

これらは、M（設定者 Messier の頭文字）、NGC（19世紀に設定された New General Catalogue の略）、IC（NGC を補足するためにつくられた Index Catalogue の略）などの天体カタログ番号でも呼ばれています。

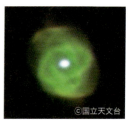
りゅう座 NGC6543 キャッツアイ星雲

流星、流星群とは？

夜空で星が流れるように見える流星は、宇宙空間にある小さなちりなどが地球大気に飛び込み光を放つ現象です。特定の日時に流星数が増える流星群と、流星群に属さずランダムに現れる散在流星があります。近年は火球と呼ばれる極めて明るい流星や、流星の飛跡に沿って残る流星痕が撮影され、ニュースで紹介されることも多くなりました。

ペルセウス座流星群の期間中に撮影された流星

・・・ 星座の設定者、考案者 ・・・

◎ クラウディオス・プトレマイオス（英称トレミー）

2世紀頃にアレクサンドリアで活躍した天文学者・数学者で、古代天文学の集大成ともいえる『メガレ・シンタクシス』の著者。『アルマゲスト』の名でも知られるこの本には、当時知られていた黄道十二星座を含む48の星座が記述され、これらは古代星座として定着しました。彼はこの48星座の制作者とは少し異なりますが、本書では設定者として記載しています。

◎ ペーテル・ケイザー

16世紀のオランダの航海士です。天文学者・地図製作者であるペトルス・プランキウスから数学や天体観測を学んだといいます。オランダから東インド諸島へ向かう艦隊に乗船し、南天の星図作成のための観測を行いました。助手を務めたというハウトマンとともに、南天に12の星座を新設しました。

◎ フレデリック・デ・ハウトマン

16世紀から17世紀に活躍したオランダの探検家で、ケイザーとともに南半球の星についての観測結果を残しました。途中で命を落としたケイザーの観測結果を持ち帰り、プランキウスに報告しています。

◎ ペトルス・プランキウス

16世紀から17世紀のオランダの天文学者・地図製作者で、ケイザーに天体観測などを教えました。本書では参考文献に準拠し、みなみじゅうじ座、はと座、きりん座、いっかくじゅう座の設定者としています。

◎ ヨハネス・ヘヴェリウス

17世紀のポーランドの天文学者。2冊の著作で10の星座を示し、そのうち7つの星座が現在も使われています。

◎ ニコラ=ルイ・ド・ラカイユ

18世紀のフランスの天文学者。南天に14の星座を新設したほか、1万以上の南の恒星などを観測しました。

全88星座リスト

・◉は黄道十二星座です。
・星座の面積を表す平方度は、縦と横の見かけの距離をかけた単位です。

	星座名	略符	学名	面積(平方度)	紹介頁
あ	アンドロメダ座	And	Andromeda	722	156
	いっかくじゅう座	Mon	Monoceros	482	224
	いて座◉	Sgr	Sagittarius	867	116
	いるか座	Del	Delphinus	189	132
	インディアン座	Ind	Indus	294	189
	うお座◉	Psc	Pisces	889	176
	うさぎ座	Lep	Lepus	290	226
	うしかい座	Boo	Bootes	907	44
	うみへび座	Hya	Hydra	1303	70
	エリダヌス座	Eri	Eridanus	1138	221
	おうし座◉	Tau	Taurus	797	214
	おおいぬ座	CMa	Canis Major	380	210
	おおかみ座	Lup	Lupus	334	78
	おおぐま座	UMa	Ursa Major	1280	56
	おとめ座◉	Vir	Virgo	1294	48
	おひつじ座◉	Ari	Aries	441	182
	オリオン座	Ori	Orion	594	206
か	がか座	Pic	Pictor	247	236
	カシオペヤ座	Cas	Cassiopeia	598	160

※平方度の値は『天文年鑑 2024 年版』(誠文堂新光社) を参照しています。

星空散歩を楽しむための **基本知識**

星座名	略符	学名	面積(平方度)	紹介頁
かじき座	Dor	Dorado	179	229
かに座 ◉	Cnc	Cancer	506	72
かみのけ座	Com	Coma Berenices	386	82
カメレオン座	Cha	Chamaeleon	132	240
からす座	Crv	Corvus	184	68
かんむり座	CrB	Corona Borealis	179	66
きょしちょう座	Tuc	Tucana	295	241
ぎょしゃ座	Aur	Auriga	657	222
きりん座	Cam	Camelopardalis	757	228
くじゃく座	Pav	Pavo	378	241
くじら座	Cet	Cetus	1231	164
ケフェウス座	Cep	Cepheus	588	170
ケンタウルス座	Cen	Centaurus	1060	76
けんびきょう座	Mic	Microscopium	210	191
こいぬ座	CMi	Canis Minor	183	213
こうま座	Equ	Equuleus	72	155
こぎつね座	Vul	Vulpecula	268	130
こぐま座	UMi	Ursa Minor	256	60
こじし座	LMi	Leo Minor	232	81
コップ座	Crt	Crater	282	69
こと座	Lyr	Lyra	286	98
コンパス座	Cir	Circinus	93	243
さ さいだん座	Ara	Ara	237	135

27

星座名	略符	学名	面積(平方度)	紹介頁
さそり座◉	Sco	Scorpius	497	108
さんかく座	Tri	Triangulum	132	185
しし座◉	Leo	Leo	947	52
じょうぎ座	Nor	Norma	165	137
たて座	Sct	Scutum	109	120
ちょうこくぐ座	Cae	Caelum	125	234
ちょうこくしつ座	Scl	Sculptor	475	190
つる座	Gru	Grus	366	188
テーブルさん座	Men	Mensa	153	245
てんびん座◉	Lib	Libra	538	122
とかげ座	Lac	Lacerta	201	186
とけい座	Hor	Horologium	249	244
とびうお座	Vol	Volans	141	242
とも座	Pup	Puppis	673	230
はえ座	Mus	Musca	138	239
はくちょう座	Cyg	Cygnus	804	104
はちぶんぎ座	Oct	Octans	291	244
はと座	Col	Columba	270	227
ふうちょう座	Aps	Apus	206	240
ふたご座◉	Gem	Gemini	514	218
ペガスス座	Peg	Pegasus	1121	152
へび座	Ser	Serpens	637	112
へびつかい座	Oph	Ophiuchus	948	112

星空散歩を楽しむための 基本知識

星座名	略符	学名	面積(平方度)	紹介頁
ヘルクレス座	Her	Hercules	1225	114
ペルセウス座	Per	Perseus	615	166
ほ座	Vel	Vela	500	230
ぼうえんきょう座	Tel	Telescopium	252	136
ほうおう座	Phe	Phoenix	469	187
ポンプ座	Ant	Antlia	239	74
みずがめ座◉	Aqr	Aquarius	980	172
みずへび座	Hyi	Hydrus	243	242
みなみじゅうじ座	Cru	Crux	68	239
みなみのうお座	PsA	Piscis Austrinus	245	180
みなみのかんむり座	CrA	Corona Australis	128	121
みなみのさんかく座	TrA	Triangulum Australe	110	243
や座	Sge	Sagitta	80	134
やぎ座◉	Cap	Capricornus	414	178
やまねこ座	Lyn	Lynx	545	80
らしんばん座	Pyx	Pyxis	221	230
りゅう座	Dra	Draco	1083	126
りゅうこつ座	Car	Carina	494	230
りょうけん座	CVn	Canes Venatici	465	64
レチクル座	Ret	Reticulum	114	245
ろ座	For	Fornax	398	235
ろくぶんぎ座	Sex	Sextans	314	79
わし座	Aql	Aquila	652	102

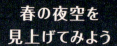

春の夜空を
見上げてみよう

日本各地で桜が咲き、寒さがやわらぐ春の季節。冷たい空気を感じる時季には、夜空でもまだ冬の星たちが輝きます。気候が暖かくなる頃には春の星も見ごろを迎え、南の空高くで探すことができるでしょう（写真中央やや左上に春の大三角が見える）。

2011年4月上旬
山梨県北杜市
撮影／牛山俊男

★ 春の星座

春の星空散歩

☀ 春の星々の見つけ方

春の宵は東から南の空で2つの1等星、うしかい座のアルクトゥールスとおとめ座のスピカから探しましょう。この2つの星は、3月頃では遅い時刻にならないと高く昇りませんが、空にあれば明るく見つけやすい星たちです。

■ デネボラの見つけ方

デネボラはしし座の尾にあたる2等星で、うしかい座のアルクトゥールスとおとめ座のスピカとを結ぶと「春の大三角」になります。デネボラだけが2等星なので、見つけるのに少し時間がかかるかもしれません。明るいアルクトゥールスとスピカを見つけたら、その西方でデネボラを探して正三角形に近い形を結びましょう。

■ 北斗七星と春の大曲線

しし座の1等星レグルスから2等星アルギエバのほうへ視線を上げて、そのまま北の空までたどってい

くと「北斗七星」と呼ばれる星の並びを見つけることができます。ひしゃくの柄にあたる星の並びは、直線ではなく緩やかなカーブを描いており、そのままのばすとアルクトゥールスとスピカを含めた「春の大曲線」が結べます。

実際の空では、アルクトゥールスとスピカのほうが明るく目立つため、スピカから逆にたどって北斗七星を探すほうが見つけやすいかもしれません。

■ 春のダイヤモンド

春の大三角に、りょうけん座のコルカロリを加えて、トランプのダイヤマークのような大きなひし形をつくることができます。これを「春のダイヤモンド」と呼びます。おとめ座のスピカが入るためか「おとめ座のダイヤモンド」と呼ばれることもあるようです。

春の星空散歩

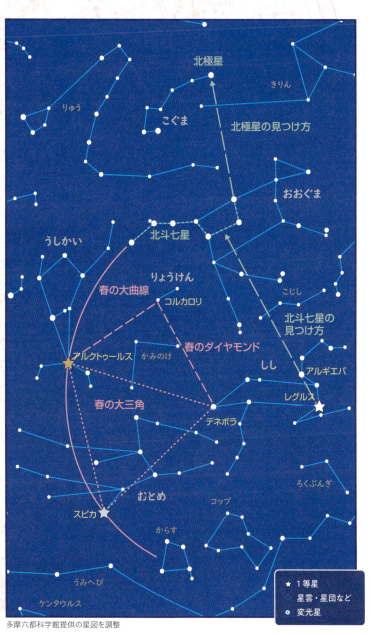

多摩六都科学館提供の星図を調整

★ 春の星座

南の星座

春の1等星と大曲線

　うしかい座の1等星アルクトゥールスと、その下方で輝くおとめ座の1等星スピカは、春の南天で見つけやすい星です。色の対比も美しく、2つ合わせて春の夫婦の星「春の夫婦星(めおとぼし)」とも呼ばれます。

　ここにしし座の尾にあたる2等星デネボラを加えると春の大三角となり

春の星空　南半分
3月中旬0時頃
4月中旬22時頃
5月中旬20時頃

春の星空散歩

ます。その西方には、しし座の1等星レグルスもありますが、1等星の中では最も暗いため、アルクトゥールスやスピカに比べると見つけるのに少し苦労します。

春の夫婦星は、北にある北斗七星からのびる春の大曲線を結びますが、この緩やかなカーブをスピカの先までのばすと、星が小さな台形に並ぶからす座を見つけることもできます。1等星はありませんが、空の暗いところならわかりやすい星座です。このからす座が高く昇る時期に南方へ行くと、みなみじゅうじ座（南十字星）が見やすくなります。

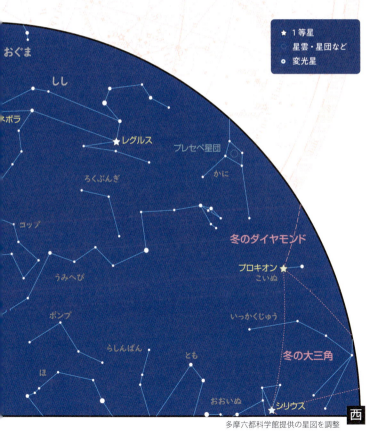

多摩六都科学館提供の星図を調整

★ 春の星座

☀ 北の星座

北の空で高く昇る北斗七星

春の北天では、北斗七星が高く昇ります。北斗七星の斗は「ひしゃく」の意味で、文字どおり水をくむひしゃくにたとえられ、北極星を探す目印になることでも有名です。「ひしゃくの水をくむ側の端の星2つを結び、その線の長さを水がこぼれるほうへ5倍のばした先に北極星がある」とい

> **春の星空　北半分**
> 3月中旬0時頃
> 4月中旬22時頃
> 5月中旬20時頃

春の星空散歩

う探し方は聞いたことがある方も多いでしょう。

　少し曲がったひしゃくの柄の部分をそのまま南へのばすと、うしかい座のアルクトゥールス、おとめ座のスピカを通る春の大曲線を結ぶことができ、こちらも星を探す目印になります。

　北斗七星の並びは機械的な直角や直線ではなく、春の大曲線につながる曲線、水をくむ部分のいびつな四角形など、どことなく趣のある形をしているように感じられないでしょうか。これもまた北斗七星の魅力のひとつです。

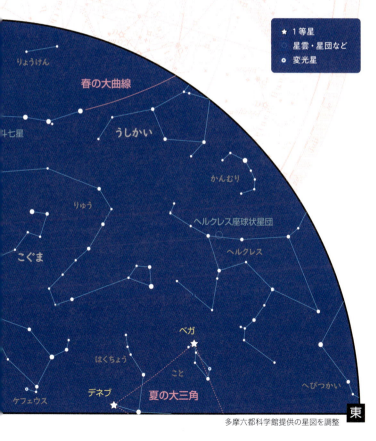

多摩六都科学館提供の星図を調整

★ 春の星座

3月の星空

**まだ見える冬の大三角から
しし座のレグルスを探す**

　3月になると、啓蟄や春分を迎え暖かな陽気の日も多くなります。地中で冬眠していた虫も外に出てくるなど、春の足音が大きくなる時期ですが、夜空にはまだ明るい冬の星々が見えています。

　まずは南西の空でオリオン座のベテルギウス、おおいぬ座のシリウス、こいぬ座のプロキオンで結ぶ「冬の大三角」から探しましょう。

　ベテルギウスとプロキオンを結ぶ線をそのまま東にのばすと、春の星座しし座の1等星レグルスが見つかります。大ざっぱな探し方ですが、レグルスは1等星の中で最も暗いので、だいたいの位置を把握する目安になります。レグルスの上方にはしし座の2等星アルギエバ、下方にはうみへび座の2等星アルファルドもあります。冬と春、2つの季節の星たちを楽しみましょう。

春の星空散歩

上旬 21 時頃
中旬 20 時頃
下旬 19 時頃

★ 春の星座

4月の星空

**春の大三角からしし座、
しし座の2つの星から北斗七星**

　清明(せいめい)や穀雨(こくう)を迎える4月は様々な花が咲き誇り、穀物に降り注ぐ春雨が訪れる時期です。日中の春霞(はるがすみ)は夜に朧(おぼろ)と名を変えて星空をぼんやりさせますが、その向こうに春の星々が輝きます。

　まず、南東の空でうしかい座のアルクトゥールスとおとめ座のスピカ、2つの1等星を見つけましょう。この明るい2つの星と正三角形をつくるように、南の空でしし座の尾にあたる2等星デネボラを見つければ、これが「春の大三角」になります。

　デネボラの西方で、しし座の1等星レグルスとその少し上方にある2等星アルギエバが縦に並んでいるように見えたら、レグルスからアルギエバを通り過ぎてそのまま北側へ視線をのばすと、北斗七星を見つけることができます。特徴的な星の並びはわかりやすいので、ぜひ自分の目で確かめましょう。

40

春の星空散歩

上旬 22 時頃
中旬 21 時頃
下旬 20 時頃

★ 春の星座

5月の星空

北斗七星から
春の大曲線と北極星

　5月には立夏と小満が訪れ、夏の気配を感じるとともに、草木がのびて大地に満ち始めます。新緑が広がって、日光も少しずつ強くなり、暦の上でも夏が始まりますが、夜空ではまだまだ春の星の見ごろが続いています。

　北の空高いところには、ひしゃくの形をした北斗七星が昇っています。ひしゃくの柄にあたる部分の緩やかなカーブを南側までのばしていくと、うしかい座のアルクトゥールスとおとめ座のスピカを通る「春の大曲線」を描くことができます。

　実際の空ではアルクトゥールスとスピカのほうが見つけやすいので、逆にたどって北斗七星を探すのもよいでしょう。北斗七星を見つけたら、今度はひしゃくの水をくむ側の端の星2つを結ぶ線を北側に5倍のばして、2等星の北極星も見つけましょう。

春の星空散歩

上旬 22 時頃
中旬 21 時頃
下旬 20 時頃

★ 春の星座

うしかい座
Bootes

面　積：907 平方度
20 時正中：6 月下旬
設定者：プトレマイオス

幅広のネクタイのような星並び、でも裸のおじさん

α星 アルクトゥールス　36.7 光年　－0.05 等級

©アストロアーツ

　うしかい座のα星アルクトゥールスは、春の夜空にひときわ明るく輝くオレンジ色の1等星です。春の時期であれば、アルクトゥールスから上方に向かう幅広のネクタイのような五角形の並びが目印です。古くからある星座ですが、そのモデルについては諸説あり、熊（おおぐま座）になった母を追う息子アルカスとも、天を担ぐアトラスともいわれています。

右にある明るいオレンジ色の星がアルクトゥールス。
左に向かって横に寝た「くの字」を結べる

撮影／牛山俊男

「く」の字を見つける

春の大三角をつくる1等星アルクトゥールスから2等星イザールと3等星セギヌスを結び、ひらがなの「く」の形をつくりましょう。この形が見つけやすいので、まずこれを目印にしましょう。

主な天体

■α星アルクトゥールス

古典ギリシャ語起源の「熊の番人」という意味に由来する名前です。日本では、麦の収穫時期の夜に明るく目立つからか麦星や麦刈り星の呼び名もあります。麦畑が黄金色に染まり暑さを感じるようになる頃、ビアガーデンからもよく見えそうなので、「ビール星」と呼んだほうが身近に感じる人もいるかもしれません。固有運動(地上からの見かけの

ホンディウスの天球儀にもArcturusの文字が見える

動き)が大きく、長い年月が経つと位置が大きくずれていくため、プラネタリウムでは「数万年後の星空」のようなテーマでよく取り上げられます。

「アルクトゥールス」の表記は、書籍によって異なることがあります。

45

★ 春の星座

うしかい座とマエナルスさん座

　うしかい座は、非常に古くから認識されていた星座です。天を支える巨神アトラスと紹介されることもありますが、その由来ははっきりとはわかりません。アルクトゥールスに「熊の番人」という意味があることを考えれば、同じ春の星座であるおおぐま座やこぐま座を追い立てる男性に見立てたことは確かでしょうか。近くにあるりょうけん座とセットで眺めれば、獲物を追う猟師の姿にも見えてきます。

　ホンディウスの天球儀では帽子を被った農夫のようにも見え、服を着ている様子もわかります。現在の星座絵と同じように片足を上げたような恰好をしており、かつてその足元にはポーランドの天文学者ヘヴェリウスがマエナルスさん（山）座を設定しました。

　マエナルス山はギリシャ南部アルカディア地方に実在する山（メナロ山）ですが、マエナルスさん座は現在では使われていない星座のひとつです。山の星座としては「テーブルさん座」（P245）が現在も使われています。

ホンディウスの天球儀に描かれたうしかい座。片足を上げている様子がわかる

column

失われた星座たち

　星座は1922年の国際天文学連合総会で88とすることが採択されましたが、それまでには多くの変遷がありました。現代のプラネタリウムや図鑑では、星座はギリシャ神話とセットで紹介されることが多いのですが、その起源は古代メソポタミア地域にあります。

　2世紀になると、アレクサンドリアで活躍した学者プトレマイオス(トレミー)が著書『アルマゲスト』て、すでに当時知られていた48の星座を記載します。この中には私たちがよく知る黄道十二星座も含まれ、約1500年間そのまま使われ続けました。さらにその後、南半球で見える星空など、それまで星座がなかった領域に新しい星座がつくられ、その数が増えた時期もありました。そして、最終的には現在の88星座に整理されたのです。

　星座として採択されなかった「失われた星座」は多数ありますが、うしかい座で触れたマエナルスさん座やかんししゃメシエ座など、現代では姿すら確認できないものだけではなく、わし座で紹介するアンティノウス座、現在はとも座、らしんばん座、りゅうこつ座、ほ座に分割されたアルゴ座など、星座絵でその姿を目にできるものもあります。そのような星座の変遷は、各時代の星図や天球儀でも確認できます。

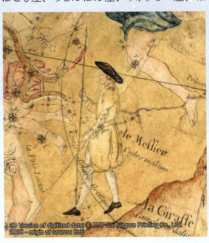

ラランデの天球儀に描かれた「かんししゃメシエ座」。同じフランスの天文学者シャルル・メシエを称えて設定した

★ 春の星座

おとめ座
Virgo

面積：1294平方度
20時正中：6月上旬
設定者：プトレマイオス

ひとりで2神？ 麦をたずさえた女神の星座

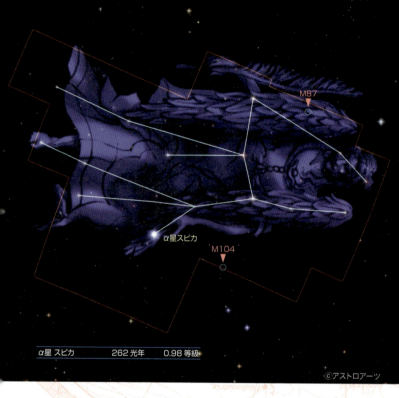

| α星 スピカ | 262 光年 | 0.98 等級 |

Ⓒアストロアーツ

　正義の女神アストレイアまたは豊穣の女神デメテルともいわれ、左手に麦を持つ有翼の女神としてよく描かれます。春は青白い1等星スピカから上方に3等星や4等星をたどり、スピカを含めた大きなY字形を結ぶことができますが、街中で見つけるのは大変かもしれません。暗いところで目を慣らしてから、スピカの少し西側を探してください。

中央からやや下にスピカと土星(左)が見えている。
左上にある明るい星はアルクトゥールス

撮影／牛山俊男

主な天体

■ α星スピカ

スピカは「麦の穂」を意味する古代ローマの名前とされ、その名のとおりおとめ座が左手に持つ麦のあたりに輝く星です。

ホンディウスの天球儀。女神の左手の近くにSpicaと見える

■ M104 ソンブレロ銀河

スピカから西寄り、おとめ座とからす座の境界付近にある銀河です。メキシコのソンブレロという帽子に似ていることから、この名で呼ばれています。

©国立天文台

暗黒星雲が銀河を一直線に横切る様子がわかりやすい

● M87とブラックホール

おとめ座の翼のあたりにはM87と呼ばれる楕円銀河があります。M87には巨大ブラックホールがあることが知られており、2019年4月、地上にある8つの電波望遠鏡を結合したプロジェクトで撮影した観測画像が発表され、大きなニュースになりました。

© ESO

巨大な楕円銀河M87の中心に超大質量ブラックホールがある

おとめ座が右手に持つ植物は、もともとナツメヤシであったともいわれます。

49

★ 春の星座

正義の女神アストレイア

　正義の女神アストレイアは正義の天秤で善悪をはかり、人の運命を決定しました。ギリシャ神話では、金の時代と呼ばれる頃には世の中も平穏で人々が自由に暮らしていましたが、銀の時代になると人々は争いを起こすようになり、神々はあきれて天上に戻ります。アストレイアは地上に残り人間に正義を教えていましたが、青銅の時代になると争いと不正を繰り返す人間を見限り、妹である慈悲の女神とともに天上に戻り、おとめ座となったといいます。東隣にあるてんびん座は彼女が用いた正義の天秤であるという説もあります。

　おとめ座は豊穣の女神デメテルやその娘ペルセポネともいわれ、手に持つ麦と植物の葉から、農業とも関係した星座であることがうかがえます。

バラデルの天球儀に描かれたおとめ座とてんびん座

● 星の色の美しさを感じさせる夫婦星

おとめ座のスピカとうしかい座のアルクトゥールスは、2つ合わせて「春の夫婦星」とも呼びます。青白いスピカとオレンジ色のアルクトゥールスは、その色の対比も楽しめます。

アルクトゥールス　　スピカ

column

アイヌの星座

　北海道や東北地方に暮らしてきたアイヌ民族には、独自の星座、星名が伝わっています。ここでは、春の星空に見える星と星座について、いくつかそのご紹介をします。

- アルクトゥールス▶フレ・スマリ（赤い・キツネ）
- スピカ▶ホロケウ・ノチウ（オオカミ・星）
- 北斗七星▶ク・ノチウ（弓・星）とアイ・ノチウ（矢・星）
- おおぐま座のあたり▶シアラサルシカムイノカ・ノチウ
  　　　　　　　　　（尾の長い熊の姿をした・星）
- からす座のあたり▶レラ・チャロ（風・の吹出口）

　それぞれの星座にギリシャ神話とは異なるお話が伝わりますが、おおぐま座のあたりに「尾が長い熊」がイメージされたように、共通点もあります。また、アルクトゥールスにはエゾテン（蝦夷貂）の星座も伝えられるなど、同じ星に複数の星座がつくられたのも興味深い点です。

　アイヌ民族の星座については、参考文献にもある末岡外美夫氏による2冊の本に詳しく書かれているほか、ここで記載した星座は多摩六都科学館のウェブサイトでも紹介しています。興味があればぜひご一読ください。

『プラネタリム「ノチウ」web連載』より

フレ・スマリ（赤い・キツネ）は、アルクトゥールスの色のイメージにぴったり

★ 春の星座

しし座

Leo

面　積：947平方度
20時正中：4月下旬
設定者：プトレマイオス

ネメアの森に棲む恐ろしい人喰いライオン

| α星レグルス | 77.5光年 | 1.36等級 |

©アストロアーツ

　しし座の胸元で輝くレグルスは1等星の中で最も暗いため、1等星といえども街中で探すのは少し大変です。レグルスの上方で輝くγ星アルギエバは「額(ひたい)」の意味を持つ2等星で、ライオンのたてがみのあたりにあります。レグルスの東方にあるβ星デネボラも2等星で「尾」の意味があり、その名のとおりライオンの尾にあります。

実際の夜空

中央にあるしし座は、地上から駆け上がるような姿で見えている

撮影／牛山俊男

春の1等星レグルスが探すポイント

明るくて目立つうしかい座のアルクトゥールスとおとめ座のスピカを見つけてから、その西方にあるデネボラと合わせて春の大三角を探しましょう。デネボラからさらに西に視線をのばすと、しし座の胸元で輝く1等星レグルスを見つけることができます。

主な天体

γ星アルギエバ

アルギエバは肉眼では1つに見えますが、望遠鏡などで見ると、オレンジ色の星と黄色っぽい星からなる二重星です。この2つの星はお互いに引力を及ぼし合って、双方の周りを回る連星と呼ばれる天体です。レグルスを見つけたら、小さな望遠鏡を向けて二重星を楽しみましょう。

©アストロアーツ

 α星レグルスは、ラテン語起源の言葉で「(小さな)王」を意味します。

53

★ 春の星座

● 特徴的な星並び「ししの大鎌（おおがま）」

1等星のα星レグルスから上方へ、?マークを裏返したようにつないだ星の並びは、しし座の頭部にあたり「ししの大鎌」と呼ばれます。日本では樋（とい）をかけるための金具に見立てて「トイカケボシ」と呼ぶ地域もあったようです。

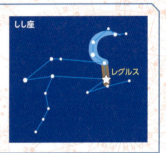

注目　33年に一度大出現？ しし座流星群（りゅうせいぐん）

特定の日時に夜空の1点を中心として、多くの流れ星が放射状に流れるように見える現象が流星群です。この中心を輻射点（ふくしゃてん）と呼び、流星群には輻射点にある星座の名前がつけられています。しし座γ星付近に輻射点のある「しし座流星群」は毎年11月18日頃にピークを迎える流星群で、2001年には日本でも1時間あたり1000個を超える流星が観察される大出現がありました。

流星群は、太陽の周りを回る彗星や小惑星（母天体（ぼてんたい））から放出された物質が、ほぼ同じ軌道上に広がる場所を地球が通過するときに起きます。しし座流星群の母天体であるテンペル・タットル彗星の公転周期は約33年であるため、しし座流星群は約33年に一度大出現すると考えられています。次の大出現時、みなさんはどこで眺めることになるでしょう?

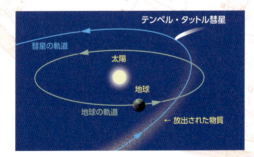

彗星軌道に沿って広がるダスト（1μm程度の固体微粒子）の分布をダストトレイルと呼ぶ。地球がダストトレイルと交差するときに、大量のダストが大気に飛び込んで流星群として観測される

column

勇者ヘラクレスと怪物たち

　ギリシャ神話によれば、しし座はネメアの森に棲む人喰いライオンの姿だといいます。夏の星座にもなった勇者ヘラクレスの12の大業のひとつがこの化け獅子退治であり、その格闘シーンは絵画などのモチーフにもなっています。

　また、春の星座として紹介するうみへび座やかに座も、ヘラクレスに倒されてしまった怪物たちです。うみへび座はレルネの沼地に棲む9つの頭を持つ化け蛇ヒュドラ、かに座はヘラクレスとヒュドラの戦いの最中に現れた化けガニ、といった具合です。

　ほかにもヘラクレスと関わりがある星座としてよく紹介されるものに、いて座（師である賢者ケイローン）、りゅう座（ヘラクレスがアトラスに取りに行かせた金のリンゴを守るドラゴン）などがあります。

　星座神話には諸説ありますが、それぞれの物語とセットで覚えると、星座を探しやすくなります。既存の神話にとらわれることなく、星座と星座を結びつける物語を自分で考えるのも、星座の楽しみ方のひとつかもしれません。

ライオンを締め殺すヘラクレス（ポンペイ遺跡のフレスコ壁画）

★ 春の星座

おおぐま座
Ursa Major

面　積：1280 平方度
20 時正中：5月上旬
設定者：プトレマイオス

尾が長い大きな母熊

ζ星ミザール
α星ドゥベ

| α星ドゥベ | 124 光年 | 1.81 等級 |

©アストロアーツ

　森の精カリストが、ゼウスの妻ヘラの呪いにより熊へと変えられた姿です。実際の熊とは異なる長い尾を持ち、おおぐま座の背中から長い尾にかけての星の並びが北斗七星です。おおぐま座の星をすべて結ぶのは大変ですが、北斗七星はよい目印になります。大きな領域を持つ星座であり、うみへび座、おとめ座に次いで3番目に大きな星座です。

中央に縦で見えている北斗七星は、おおぐま座の背中から尾にあたる　　　　　撮影／牛山俊男

◉ 北斗七星の構成

誰かが意図的に並べたかのような、6つの2等星と、1つの3等星で形づくられる星の並びです。北斗七星の「斗」はひしゃくの意味で、文字どおり「北の空の七つの星でひしゃくの形」をしています。

よく見るとζ星ミザールのすぐ近くには4等星アルコルがあります。

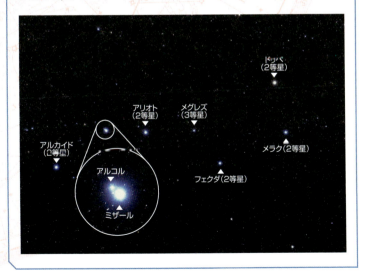

 北斗七星は、鍋や鋤など世界各国でいろいろなものに見立てられています。

★ 春の星座

おおぐま座とこぐま座をめぐる物語

　月の女神アルテミスの侍女カリストを見初めた大神ゼウスは、アルテミスに化けてカリストに近づきました。カリストはアルカスという男児を産みますが、ゼウスの妻女神ヘラは怒りカリストを醜い熊に変えます。

　時が経ち、狩りの名手に成長したアルカスは森で熊となった母カリストに出会います。母であると知らないアルカスは、熊を獲物として仕留めようと槍を構えますが、これを見ていたゼウスがアルカスも熊に変えて天に上げ、2人はおおぐま座とこぐま座になりました。

　しかしヘラの憎しみは消えず、熊たちは天の北極の周りを回り、地平線の下に沈むことを許されないといいます。

　神話がつくられた当時のギリシャでは、おおぐま座とこぐま座は沈まない星座であったことからこの話が創作されたのでしょう。同様の罰はカシオペヤ座（P.160）でも紹介されますが、こちらは当時地平線の下に沈む星座であったので、後付けされた可能性が高そうです。

ホンディウスの天球儀に描かれたおおぐま座とこぐま座

春の北斗七星

桜の上に横たわる北斗七星。星は
1年かけて同じ位置に戻るため、毎
年この桜が咲き続けるかぎり、同時
期の同時刻にこの光景を楽しむこと
ができるはず。星は景色とともに季
節の風物詩にもなる。

2011年4月上旬
山梨県韮崎市
撮影／牛山俊男

　おおぐま座になった森の精カリストの息子アルカスとされ、おおぐま座と同じく尾の長い熊の姿で描かれます。北斗七星を小さくしたような星の並びが目印で、プラネタリウムでは「小びしゃく」などと紹介することもあります。尾の先にある２等星ポラリスは私たちが北極星と呼ぶ星で、北半球では星の巡りの中心にあるように見えることから、北の目印としても有名です。

北斗七星から見つける北極星が目印になる。
北極星を含めた小さなひしゃくの形を結ぶ

撮影／牛山俊男

 北極星を含む三角を探す

こぐま座は、北極星（ポラリス）から始まる小さなひしゃくの形に並んでいます。

街中では2等星の北極星と、ひしゃくの口の端にあたる2等星コカブと3等星フェルカドを見つけるのがやっかもしれません。これら3つの星を結んでできる細長い三角形を目印に探しましょう。

● 日本の北極星の呼び名

こぐま座のα星ポラリスは、2等星ですが、星の巡りの中心で北の目印となる「北極星」として有名です。

日本でも「キタノヒトツボシ」や「ネノホシサマ」（方位を十二支で呼び、北を子としたため）という和名が記録されています。GPSなどない時代、夜間も海に出る漁師にとっては、船を進める方位や漁場の位置を知るための目印として重宝されました。

 北極星は「北辰妙見さま」「北の妙見」とも呼ばれ、信仰の対象にもなりました。

★ 春の星座

注目　北極星は、動いている！

撮影／牛山俊男

「北極星を中心に星が反時計回りに動くように見える」という北の空での星の動きは理科の教科書にも登場します。ただし、正確な星の巡りの中心は地球の自転軸（地軸）の北側の延長線上に位置する「天の北極」です。

現代では天の北極のすぐ近くにある明るいポラリスを北極星と呼びますが、実際には天の北極から少しずれたところに位置するため、ポラリスも小さな円を描くように動いて見えます。

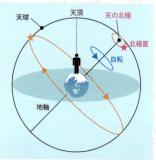

©アストロアーツ

column

北極星を中心におく中国星座

　古代中国においては、月の通り道沿いにある28個の星座を「二十八宿(にじゅうはっしゅく)」と呼び、暦や星占い、星の位置を表す基準に使われました。また、星空に国家や社会のしくみを反映した星座がつくられ、天の帝が位置する天の北極に近いほど身分が高く、側近や妃がいる宮廷は塀で囲まれています。たとえば北の空に見える北斗七星は塀の外にありますが、比較的高貴な星座に分類されます。

　ところで、北斗七星のひとつミザールのすぐ近くに4等星アルコルがあり、目がよい人は肉眼でこの2つの星を見分けることができます。北斗七星は「北斗(ほくと)」、アルコルを「輔(ほ)」と呼び、中国では別の星座として認識しました。北斗は天帝(てんてい)の車であり、輔は宰相(さいしょう)を表しています。当時と現代では天の北極の位置は少し異なりますが、天帝が乗った車とそのかたわらに付き従う宰相が時間とともに天の北極の周りをぐるぐる巡る様子は、せわしなく働く現代の私たちにも通じるかもしれません。北斗七星にまつわる民話や伝承は世界各地にありますので、文献をご参照ください。

現代の星空に見る天の北極近くの中国星座

★ 春の星座

りょうけん座
Canes Venatici

面　積：465平方度
20時正中：6月上旬
設定者：ヘヴェリウス

うしかい座が連れている2匹の猟犬

α2星コルカロリ

| α2星コルカロリ | 110光年 | 2.89等級 |

©アストロアーツ

　星座絵ではうしかい座の男性とともに、おおぐま座とこぐま座を追い立てているように見える2匹の犬の姿で描かれます。犬にはそれぞれ名前がつけられており、北側の犬がアステリオン、南側の犬はカラといいます。ただ、暗い星が多いため、ここに2匹の犬を想像するのは難しそうです。

春の大三角を使って見つける

りょうけん座は春の大三角から探すことができます。うしかい座のアルクトゥールスとしし座のデネボラを結んだ線を折り線にして、おとめ座のスピカを上方へ折り返したあたりの、3等星コルカロリから探しましょう。あるいは北斗七星を見つけたら、ひしゃくの柄の南側でコルカロリを探すのもよいでしょう。

主な天体

■α星コルカロリ

コルカロリは肉眼では1つに見えますが、望遠鏡などで観察すると、薄い黄色をした3等星と紫色の6等星に分かれて見える二重星です。観望しやすく、色の組み合わせも美しいことから人気のある二重星です。

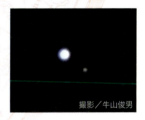

撮影／牛山俊男

◉ 王様の名前がついた星

コルカロリにはラテン語で「チャールズの心臓」という意味があり、英国王チャールズ2世（1630〜1685年）を祝福して命名されたといいます。

ラランデの天球儀では、コルカロリのそばに Coeur de Char. II（チャールズ2世の心臓）の文字が記されています。

ラランデの天球儀に描かれたりょうけん座

 りょうけん座は、星図によっては1匹の犬で表現されることもあります。

★ 春の星座

かんむり座
Corona Borealis

面　積：179 平方度
20 時正中：7月中旬
設定者：プトレマイオス

うしかい座の東に輝く半円形の冠(かんむり)

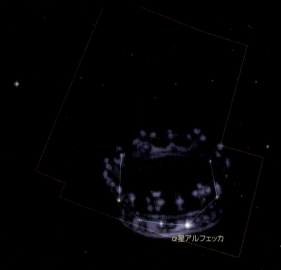

α星アルフェッカ

| α星アルフェッカ | 74.7 光年 | 2.22 等級 |

©アストロアーツ

　2等星1つ、4等星4つ、5等星2つで結ぶ小さな半円形は、街中でそのすべてを結ぶのは難しいので、まず明るい2等星アルフェッカを見つけましょう。アルフェッカの別名ゲンマはラテン語で「宝石」を意味し、ギリシャ神話では、酒神ディオニソスが王妃アリアドネに贈った冠が夜空に上げられたと伝わります。

うしかい座の3つの星を利用

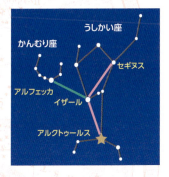

まず、うしかい座のアルクトゥールス、イザール、セギヌスを「くの字」に結びます。このアルクトゥールスとイザールを結ぶ線を軸に、セギヌスを反対側に倒したあたりにアルフェッカがあります。このようにアルクトゥールスとの位置関係を把握すると見つけやすいです。

● 洋の東西で同じ星並びとして認識されていた

日本におけるこの星の並びをかまどに見立てた「クドボシ」という呼び名の伝わる地域があります。「くど」は、地域や時代によって様々ですが、かまどやかまどの後ろ側の煙出しの部分などのことを指します。そのほかにも地域により多様な名で呼ばれていました。日本独自の星の呼び名を和名といいますが、クドボシのように西洋星座と同じ星の並びで呼び名がついているのも興味深い点です。場所も時代も違えど、特徴的な星の並びが人間の想像力をかきたてたのでしょう。

アリアドネの冠

クレタ島の王ミノスの娘アリアドネは勇者テセウスへの失恋に悲しみますが、これをなぐさめた酒神ディオニソスの妻となります。7つの宝石をちりばめた冠はその証で、彼女の死後にかんむり座として星座になりました。

ティツィアーノ・ヴェチェッリオ作『バッカスとアリアドネ』（1520～1523年、ロンドン・ナショナル・ギャラリー蔵）。バッカスはディオニソスの別名

学名 Corona Borealis は「北の冠」を意味します。

★ 春の星座

からす座
Corvus

夜空の闇に重なる黒い鳥

面　積：184平方度
20時正中：5月下旬
設定者：プトレマイオス

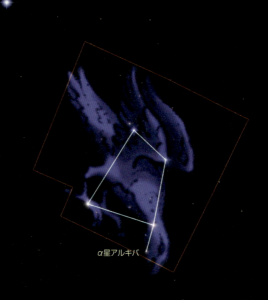

α星アルキバ

| α星アルキバ | 48.2光年 | 4.02等級 |

©アストロアーツ

　スピカの近くで4つの3等星がいびつな四辺形に並んでいるあたりがからす座です。神話によるとこのカラスは太陽神アポロンの使いで、美しい白い羽を持ち人語を話す鳥でした。うそをついたことへの罰で羽を漆黒に染められ、夜空に釘ではりつけられたといいます。黒いカラスは闇夜に見えず、はりつけに使った釘だけが3等星として光って見えるようです。

★ 春の星座

コップ座
Crater

面　積：282平方度
20時正中：5月上旬
設定者：プトレマイオス

からす座が飲めそうで飲めない場所にある

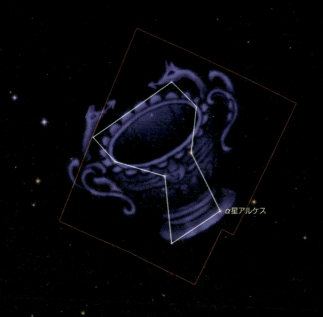

α星アルケス

α星アルケス	174光年	4.08等級

©アストロアーツ

　しし座とおとめ座の南側にあり、コップというよりも杯（さかずき）に近い形をしています。わかりやすい形で結ばれていますが、明るくても4等星しかないため街中で見つけるのは難しい星座です。このコップはギリシャ神話の神々の持ち物であったと伝わります。すぐ隣にあるからす座は、コップにくちばしが届かないようはりつけられているように見えます。

69

★ 春の星座

うみへび座

Hydra

最も大きな面積を持つ化け蛇の星座

面　積：1303平方度
20時正中：4月下旬
設定者：プトレマイオス

α星アルファルド　　　177光年　　　1.99等級

©アストロアーツ

　しし座の2等星アルギエバから、1等星レグルスのほうへ視線をのばした先に、2等星アルファルド（「孤独なもの」の意）が見つかります。このあたりにあるのがいちばん大きな星座であるうみへび座。東西に長くのびた姿は、全身が昇りきるまで6時間以上かかります。ギリシャ神話で勇者ヘラクレスに襲いかかった9つの頭を持つ化け蛇ヒュドラの姿です。

主な天体

■ M83 南の回転花火銀河

うみへび座の尾のほう、ケンタウルス座との境界付近にある棒渦巻銀河です。その姿から、南の回転花火銀河とも呼ばれる天体です。

ⓒ NASA, ESA, and the Hubble Heritage Team (STScI/AURA) Acknowledgement: W. Blair (STScI/Johns Hopkins University) and R. O'Connell (University of Virginia)

● ウミヘビの頭の数

星座絵ではうみへび座の頭が1つだけ描かれていますが、ギリシャ神話によるとヒュドラには9つの頭があったといいます。そのうち1つは不死身で、ほかの8つの頭も首を切られてもまた生えてくるという恐ろしい怪物でした。勇者ヘラクレスは、首を切り落としてすぐにその切り口を焼きながら退治し、不死身の首は大岩の下に埋めたといわれます。

ゲスターウ・モロー作『ヘラクレスとレルネのヒュドラ』(1876年、シカゴ美術館蔵)

注目 うみへび座の上には星座がいっぱい

うみへび座は大変大きく、春の星空で東西に大きく横たわる姿をしています。うみへび座に接するからす座やコップ座は、星座絵によってはウミヘビの上に載せられているかのように描かれることもあります。

ホンディウスの天球儀に描かれたうみへび座

 アルファルドには、コル・ヒドラエ (ヒュドラの心臓) という別名があります。

★ 春の星座

かに座
Cancer

面　積：506平方度
20時正中：3月下旬
設定者：プトレマイオス

化け蛇とともにヘラクレスを襲う大きな化けガニ

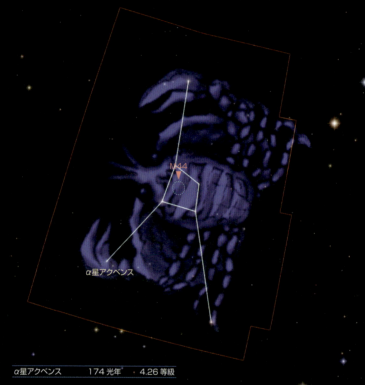

| α星アクベンス | 174光年 | 4.26等級 |

©アストロアーツ

　黄道十二星座のひとつで、しし座の西隣、うみへび座の頭の上にあります。有名なわりに明るい星がなく街中ではほぼ見えません。ただ、空が暗く星がよく見える場所では、カニの甲羅の位置にプレセペ星団と呼ばれる星の集団を肉眼で見ることができます。ギリシャ神話では勇者ヘラクレスと戦う化け蛇ヒュドラに加勢した大きな化けガニの姿とされます。

左下にしし座、右上にふたご座、中央に見えるプレセペ星団が目印になる　　撮影／牛山俊男

主な天体

■ M44 プレセペ星団

プレセペ星団に初めて望遠鏡を向けたのはガリレオ・ガリレイで、星の集団であることを記録して、本にも書き記しています。双眼鏡などで見ると星が集まっているのがよくわかりますが、空が暗い場所では肉眼でも見えます。

©国立天文台

● カニの甲羅に注目〜プレセペ星団

「プレセペ」はラテン語の「飼い葉桶（家畜用の飼料を入れる桶などのこと）」がもとになった名前で、英語では「ビーハイブ（蜂の巣）」とも呼ばれます。古代中国では淡く青白い様子から「積尸気（せきしき）」と呼ばれ、亡くなった人の体を積み重ねたところから立ち上る気に見立てられました。また、このあたりには鬼宿（きしゅく）という中国星座もつくられていました。鬼宿の「鬼」は日本でいうところのオニとは異なり、冥界にも行けずに地上をうろつきさまようものを指します。古代ギリシャでも人間の霊魂の出入口と見たこともあったようで、少し不気味なイメージが持たれることが多かったことがうかがえます。

バラデルの天球儀に描かれたかに座

 星図によっては、ザリガニやロブスターのような姿をしています。

73

★ 春の星座

ポンプ座
Antlia

真空をつくるための実験器具の星座

面 積：239 平方度
20 時正中：4 月下旬
設定者：ラカイユ

α星固有名なし　　366 光年　　4.28 等級

©アストロアーツ

　コップ座から視線を下げて、うみへび座のさらにその下方にあるのがポンプ座です。地平線に近くて街明かりの影響も大きいうえに、いちばん明るい星でも4等星なので、見つけるのはかなり難しい星座です。このポンプは、理科の実験などで使用する真空をつくるための道具で、18世紀にフランスの天文学者ラカイユが星座として新設しました。

一番星が見える頃

夕焼けの中に見える細い三日
月と木星（上）と水星（下）。
木星と水星は肉眼で見える明
るい惑星だが、水星は太陽に
近いために木星に比べて見え
る期間も限られる。よく耳にし
て身近に感じるが、観察が難
しい惑星のひとつである。

2008 年 12 月 29 日
山梨県北杜市
撮影／牛山俊男

★ 春の星座

ケンタウルス座
Centaurus

面　積：1060 平方度
20 時正中：6月上旬
設定者：プトレマイオス

槍を構えた空想上の生物

θ星

NGC5139 ω星団

α1星リギルケンタウルス
α2星トリマン

β星ハダル

| α1星リギルケンタウルス | 4.40 光年 | -0.01 等級 |
| α2星トリマン | 4.40 光年 | 1.35 等級 |

©アストロアーツ

　うみへび座からさらに南に位置する星座で、南方に行くとケンタウロスの足元で輝く2つの1等星を目印に探すことできます。黄道十二星座のいて座と同じような半人半馬ですが、槍でオオカミを突く姿で描かれています。南方に行かないと全身が見えないうえ、空の低いところにあり、街明かりや大気の影響も大きいため、街中で見つけるのは大変でしょう。

← ω星団

| 実際の
夜 空 |

本州でもケンタウルス座の上半身は空の低い
ところに見える（左の明るい星はアンタレス）

撮影／牛山俊男

主な天体

■αケンタウリ星系

ケンタウルス座α星はリギルケンタウルス、トリマン、プロキシマケンタウリの3つの恒星からなる三重連星です。その中でもプロキシマケンタウリは、地球から4.2光年の距離にあり、太陽系に最も近い恒星として有名です。

撮影／牛山俊男

リギルケンタウルスとトリマンが肉眼では1つの星に見えるため、これをα星としている。右はβ星ハダル

■ NGC5139 ω星団

ケンタウルス座の腰のあたりに、ω星団と呼ばれる1000万個ほどの星が集まった球状星団があります。中心に星が球状に密集しています。南方に行かないと見えにくい天体です。

© ESO/INAF-VST/OmegaCAM. Acknowledgement: A. Grado, L. Limatola/INAF-Capodimonte Observatory

● ケンタウルス座の1等星

ケンタウルス座のα星とβ星は明るい星が仲よく並んでいるように見え、わかりやすい星々です。α星からβ星のほうへ視線をのばすと、南十字星（みなみじゅうじ座）を見つけることができるため、南半球の星空をテーマにしたプラネタリウムでは2つの1等星をサザンクロスポインターズとも呼ぶことがあります。時季にもよりますが、赤道直下や南半球の国まで行くと見やすくなります。

神話によれば、ケンタウロス族は野蛮で粗暴な種族であったといいます。

★ 春の星座

おおかみ座
Lupus

面　積：334平方度
20時正中：7月上旬
設定者：プトレマイオス

ケンタウルス座に槍で突かれる野獣の星座

α星固有名なし　　548光年　　2.30等級

©アストロアーツ

　日本では低い位置で見つけにくい星座です。半人半馬のケンタウルス座に槍で突かれたオオカミとして描かれますが、もとはケンタウルス座の一部に含まれる獣として見られていたようです。古代ギリシャでも「野獣」と呼ばれていましたが、プトレマイオスがまとめた48星座の中では、この野獣がケンタウルス座から独立した星座として記載されています。

★ 春の星座

ろくぶんぎ座
Sextans

面　積：314 平方度
20 時正中：4月下旬
設定者：ヘヴェリウス

天文学者が愛用した観測器具の星座

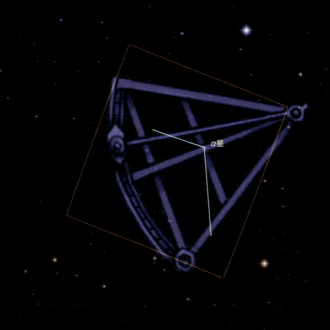

| α星固有名なし | 287 光年 | 4.48 等級 |

Ⓒアストロアーツ

　しし座とうみへび座の間にあり、4等星よりも暗い星ばかりで見つけるのが難しい星座のひとつです。星座絵を覚えておき、しし座の1等星レグルスとうみへび座の2等星アルファルドの間にその存在を想像するのがやっとでしょうか。六分儀は天体観測などに使われる道具で、天文学者ヘヴェリウスが自宅の火災で焼失した愛用の六分儀を星座にしたといわれます。

★ 春の星座

やまねこ座

Lynx

面　積：545平方度
20時正中：3月中旬
設定者：ヘヴェリウス

ヤマネコのような鋭い目で探す

| α星固有名なし | 222光年 | 3.14等級 |

©アストロアーツ

　おおぐま座の隣に位置する星座で、α星が3等星の明るさはあるものの暗い星ばかりで見つけるのは難しく、ここに動物の姿を想像するのはさらに大変です。この星座を設定したのはポーランドの天文学者ヘヴェリウスですが、設定した本人も「ここにヤマネコの姿を見るにはヤマネコのような（鋭い）目がいるのだ」と記したといいます。

★ 春の星座

こじし座
Leo Minor

しし座とは無関係な小さなライオン

面　積：232 平方度
20 時正中：4 月下旬
設定者：ヘヴェリウス

| β星固有名なし | 146 光年 | 4.2 等級 |

©アストロアーツ

　しし座の頭のあたりに乗っかるような姿で描かれる小さなライオンの星座です。星の並びはしし座と似ていませんし、関連する神話もないため、おおぐま座とこぐま座に見られるような関係性はなさそうです。この星座では、いちばん明るい星でも4等星しかないため、大変見つけにくい星座のひとつです。17世紀頃にヘヴェリウスが、やまねこ座とともに設定しました。

81

★ 春の星座

かみのけ座
Coma Berenices

面　積：386平方度
20時正中：5月下旬
設定者：フォーペル

夫の帰還を祈り、捧げた妻の髪

かみのけ座銀河団

α星ディアデム

| α星ディアデム | 46.7光年 | 4.32等級 |

©アストロアーツ

　うしかい座の1等星アルクトゥールスとしし座の2等星デネボラの間で、4等星以下の暗い星が集まったあたりにあるのがかみのけ座です。身体の一部がモチーフになっている珍しい星座で、プラネタリウムでも紹介すると「髪の毛?」と驚かれることがよくあります。このあたりには星雲や星団が多くあり、小さな望遠鏡でも楽しむことができます。

アルクトゥールス

左の明るいアルクトゥールスから右に視線を向けると、
かみのけ座の星の集団がわかる

撮影／牛山俊男

主な天体

■かみのけ座銀河団

かみのけ座とおとめ座の境目あたりには銀河の集団である銀河団があります。NGC4874、NGC4889という2つの巨大銀河を中心に、1000個以上の銀河が集合していると考えられ、地球からは約3億光年離れたところに位置しています。日本のすばる望遠鏡による観測データから様々な発見がされており、写真も多数公開されています。

NGC4874の近くの様子

かみのけ座の由来

かみのけ座は古代エジプトのベレニケ王妃が戦地に向かった夫の無事を祈り、自らの髪の毛を切って神に捧げたことに由来します。ベレニケはエジプトのプトレマイオス3世の妻であり、大変美しい髪の毛の持ち主であったといいます。大航海時代の天球儀ではかみのけ座の近くにも「ベレニケ」の名を確認できます。プトレマイオスが2世紀にまとめた48星座には含まれていませんが、それ以前からすでにかみのけ座としては認識されていました。

バラデルの天球儀には、Bereniceの文字が見える

 学名のComa Berenicesは、「ベレニケの髪の毛」という意味です。

★ 夏の星座 ★

夏の夜空を
見上げてみよう

新緑が大地をおおい雨季が訪れる初夏。
夜空の主役はまだ春の星ですが、本格的
な暑さが訪れる頃になると夏の星空が広
がります。水が張られた田んぼで響くカエ
ルの鳴き声をBGMに夏の天の川を眺め
る情景は、まさに日本の原風景です（写
真左に夏の大三角が見える）。

2015年5月中旬
長野県阿智村
撮影／牛山俊男

★ 夏の星座

夏の星空散歩

☀ 夏の大三角を楽しもう

夏の宵では、東から南にかけての空で、1等星3つを結んで「夏の大三角」を見つけましょう。

3つの星の中でも特に明るいこと座のベガは、青白く強い輝きを放っており、街中からでも見つけやすい星です。まずはベガから探しましょう。

■ デネブとアルタイルを見つける

夏の大三角のうち、ベガに近いほうに見えるのがはくちょう座のデネブ、ベガから遠いほうに見えるのがわし座のアルタイルです。

星の覚え方にはいろいろな方法がありますが、このように明るい星を基準にその位置を把握しつつ、星の色などの特徴を覚えておくと実際の空で探すときにわかりやすくなります。星の探し方は本書でも紹介していますが、絶対的な正解はありません。ぜひ自分なりの星の探し方も考えて、本当の空で星を見つけましょう。

■ 夏の大三角と星までの距離

「ベガから近いほうがデネブ」と説明しましたが、これは地上から眺めた星空での位置であり、宇宙における実際の星までの距離とは異なります。

たとえば、地球からベガまでは光速で約25.3年かかり、その距離を25.3光年と表します。つまり約25年前にベガを出発した光が私たちの目に届いているので、25歳の人がベガを見れば「自分が生まれた頃の光」を見ていることになるのです。さて、25年前みなさんはどこで何をしていたでしょうか?

ちなみに地球からアルタイルまでは16.8光年、デネブまでは3230光年です。

何千光年も離れた星に思いを馳せてロマンを感じるのもよし、自分の年齢と同じくらい離れている星を探すのもよし、星とともに思い出にひたるのも楽しいですね。

夏の星空散歩

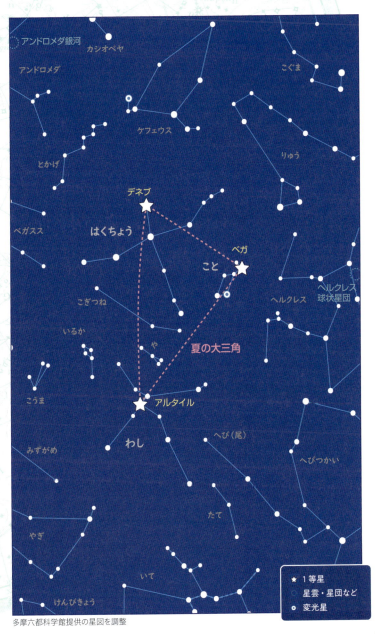

多摩六都科学館提供の星図を調整

★ 夏の星座

🌞 南の星座

さそり座の周りの星座たちと夏の大三角

夏の南天で地平線の上に赤く光る1等星アンタレスを見つけたら、この星を含めたS字形の星の並びがさそり座になります。その東側にある6つの星で結ぶ南斗六星は街中で見つけるのは大変ですが、いて座がさそり座を狙うようにかまえた弓矢のあたりに位置する特徴的な並びです。

夏の星空　南半分
6月中旬0時頃
7月中旬22時頃
8月中旬20時頃

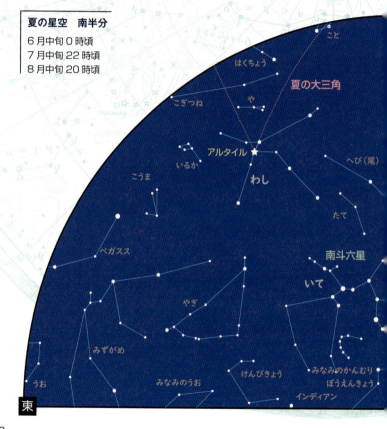

夏の星空散歩

　アンタレスの上方にある2等星ラスアルハゲはへびつかい座の頭で、さそり座の上に乗るような姿です。

　いて座には弓矢で狙われ、へびつかい座には踏みつけられて、さそり座は少し窮屈そうに見えるかもしれません。

　視線を上げた天頂近くには、こと座のベガ、はくちょう座のデネブ、わし座のアルタイルで結ぶ夏の大三角があります。8月中旬の20時頃になるとかなり高いところにあるため、空が開けたところでは寝そべって眺めるのもおすすめです。

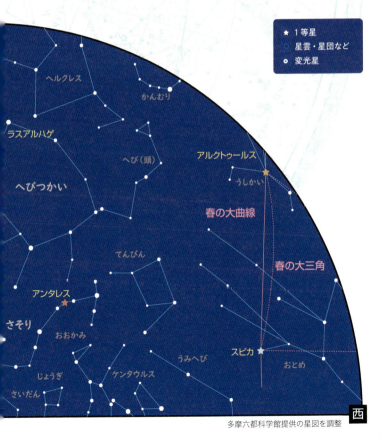

多摩六都科学館提供の星図を調整

★ 夏の星座

☀ 北の星座

北極星と北斗七星とカシオペヤ座

　夏の北天には、春に比べて少し位置を低くした北斗七星が見え、柄のカーブを西のほうにのばせば、まだ「春の大曲線」を結ぶこともできます。大曲線上にあるうしかい座のアルクトゥールスは特に明るく高い位置にあるため、しばらく見ることができるでしょう。

夏の星空　北半分
6月中旬 0時頃
7月中旬 22時頃
8月中旬 20時頃

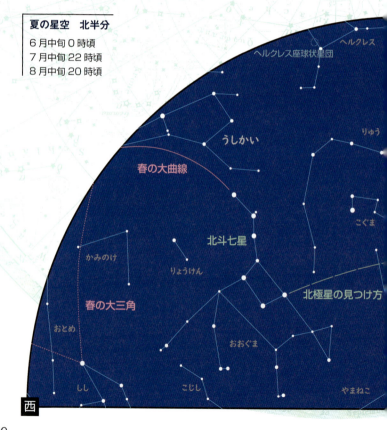

90

夏の星空散歩

　東側にはもう秋の星座が見え始めており、有名なW字形のカシオペヤ座が少しずつ高い位置に見えるようになります。北斗七星とカシオペヤ座には、「北極星を見つける目印になる」という共通点があり、低くなり始めた北斗七星とこれから高くなるカシオペヤ座の両方から北極星を探せる時期です。

　北極星を見つけたら、少し時間を置いてからもう一度北斗七星とカシオペヤ座を探してその高さや見え方の違いを確認すると、時間とともに星が巡る様子を実感することができます。

多摩六都科学館提供の星図を調整

★ 夏の星座

6月の星空

北の空に北斗七星を見つけ、南の空では2つの1等星

　芒種（ぼうしゅ）と夏至（げし）を迎える6月はアジサイの花が見ごろになる季節で、梅雨入りの時季ともよく重なります。一年の中で最も昼が長く夜が短い頃ですが、夜になればまだ春の星を楽しめます。

　まずは北の空高いところ少し西寄りに北斗七星を見つけましょう。この時季の20時頃では、ちょうどひしゃくで水をかけているように見え、まるで天から雨を降らせているかのようです。

　東の空にはまだ低い位置ですが、こと座のベガ、はくちょう座のデネブ、わし座のアルタイルで結ぶ夏の大三角が見えています。3つとも1等星ではありますが明るさは少しずつ異なり、最も明るい星はこと座のベガです。夏の大三角はまずはベガを見つけてから、少し北寄りでデネブ、東の低いところでアルタイルを探すとよいでしょう。

夏の星空散歩

上旬 21 時頃
中旬 20 時頃
下旬 19 時頃

★ 夏の星座

7月の星空

夏の大三角と七夕(たなばた)の星、さそり座のアンタレス

7月は小暑(しょうしょ)と大暑(たいしょ)、そして梅雨明けを迎える時期ですが、最近は梅雨明けがのびることも多くなりました。本格的で厳しい暑さを感じるようにもなり、夜には夏の星が高く昇ります。

南から東寄りの空に、こと座のベガ、はくちょう座のデネブ、わし座のアルタイルで結ぶ夏の大三角が見えます。ベガは七夕(たなばた)の「織女星(しょくじょせい)(織姫(おりひめ))」、アルタイルは「牽牛星(けんぎゅうせい)(彦星(ひこぼし))」としても有名です。

空が暗いところでは2人の間に流れる天の川も見えるので、街明かりの少ない場所で夏の大三角のあたりをよく見ましょう。

南の空低いところに、赤く輝くさそり座の1等星アンタレスが見えます。空が暗い場所ではアンタレスを含むS字形の星の並びをたどることもできるので、キャンプなどに行く機会があればぜひ探してください。

94

夏の星空散歩

★ 夏の星座

8月の星空

夏の大三角から
へびつかい座とヘルクレス座

8月には立秋と処暑が訪れ、暦では早くも秋が到来します。下旬には厳しい暑さも少しずつ落ち着き、秋の気配を感じるようになる頃ですが、近年では猛暑日が続くことも増えてきたようです。夜空でもまだまだ夏の星が見やすい時季が続いています。

空の高いところには、夏の大三角がすぐに見つかるでしょう。すべて1等星ですが、最も明るい星がベガ、ベガに近いほうに見える星がデネブ、ベガから遠いほうに見える星がアルタイルと覚えましょう。

ベガとアルタイルを結ぶ線を折り線にしてデネブを西側に折り返したあたりに、へびつかい座の2等星ラスアルハゲとヘルクレス座の3等星ラスアルゲティがあります。夏の大三角には及びませんが、比較的見つけやすい星たちなのでぜひ探しましょう。

夏の星空散歩

上旬 22 時頃
中旬 21 時頃
下旬 20 時頃

北

きりん

おおぐま

北極星の見つけ方

星の見つけ方

北極星

こぐま

北斗七星

りょうけん

かみのけ

りゅう

うしかい

ケフェウス

ちょう

こと

かんむり

アルクトゥールス

ベガ

ヘルクレス

おとめ

つね

や

夏の大三角

ラスアルゲティ

ラスアルハゲ

へび

か

アルタイル

わし

へび

へびつかい

てんびん

たて

南斗六星

いて

アンタレス

さそり

おおかみ

みなみの
かんむり

さいだん

インディアン
ぼうえんきょう

南

★	1 等星
●	2 等星
●	3 等星
·	4 等星以下
◉	変光星

★ 夏の星座

こと座

Lyra

面　積：286 平方度
20 時正中：8月下旬
設定者：プトレマイオス

星座の中で、唯一楽器の星座

| α星ベガ | 25.3 光年 | 0.03 等級 |

©アストロアーツ

　　夏の大三角の中で最も明るく輝いている青白い星が、こと座のα星ベガです。こと座は1等星ベガと、3等星と4等星で斜めに傾いた四角でよく結ばれますが、街中ではベガ以外の星はなかなか見えません。ギリシャ神話によると、この琴はヘルメス神が亀の甲羅を使ってつくり、オルフェウスに与えたものだといいます。

実際の夜空

東の空から登る夏の大三角、こと座のベガはその頂点に位置する　　撮影／牛山俊男

主な天体

■ M57 惑星状星雲

教科書などにもよく掲載される天体で、こと座のβ星とγ星の間にあります。中心にある星から放出されたガスが、その星の紫外線により輝いています。写真のようにはっきりとはわかりませんが、空が暗い場所ならば望遠鏡でぼんやりとした淡い光の広がりを確認できます。

■ ε星ダブルダブルスター

こと座のε星は双眼鏡や望遠鏡などで観察すると2つに見える二重星ですが、さらに倍率を高くすると各々が二重に見える四重星で、「ダブルダブルスター」とも呼ばれます。性能によりますが、口径8cm程度以上の望遠鏡で100倍くらいあれば見えるでしょう。

ダブルダブルスターの関係図

 青白く強い輝きから、ベガのことを「真夏の女王」と呼ぶ人もいます。

★ 夏の星座

星座になったオルフェウスの竪琴

　ギリシャ神ヘルメスが亀の甲羅で発明した琴は、太陽神アポロンの息子で琴の名手となるオルフェウスの手に渡ります。オルフェウスは妻エウリディケが蛇に咬まれ死んでしまうと、冥界の王ハデスの前で琴を演奏して妻の生還を懇願しました。この演奏に感心したハデスは、エウリディケの返還を約束し、この世に戻るまでは決して後ろを振り返らないという条件で、エウリディケをオルフェウスのあとに従わせます。ところが、途中で不安になったオルフェウスは後ろを振り返ってしまい、エウリディケは暗闇に引き戻されます。

　二度と妻に会えないことに絶望したオルフェウスはその後、酒神の祭りで女たちに殺され、琴ともども川に捨てられてしまいます。その琴を大神ゼウスが星座にしたのがこと座であると伝わります。

　この物語は宗教詩のように広まったともいわれ、オルフェウスの死を悲しむ音楽神ミューズの姿は絵画のモチーフにもなっています。日本神話の黄泉の国にまつわるイザナミとイザナギのお話との共通点を指摘されることもあり、大変興味を引かれます。

フランツ・カーシグ作『オルフェウスの嘆き』（19世紀）

◉こと座が亀？

アラブ＝クーフィー様式の天球儀には、こと座の位置に亀と見られる生物が描かれています。こと座のβ星のシェリアクの名は、元来ギリシャ語で「亀」を意味する言葉が由来とされ、竪琴と亀との関係がうかがえます。

アラブ＝クーフィー様式の天球儀。「こと座」の位置に亀の絵がある

column

七夕の星、ベガとアルタイル

©アストロアーツ

　ベガとアルタイルの名はアラビア語に由来し、ベガは「降下するワシ」、アルタイルは「飛翔するワシ」の意味を持つ言葉が語源です。対になるように名づけられたこの2つの1等星は、アラブ地域から遠く離れた日本では一組の夫婦の星、七夕の星として知られています。こと座のベガは「織女星（織姫）」、わし座のアルタイルは「牽牛星（彦星）」にあたり、天の川を隔てて離れ離れになった2人が、7月7日にだけ会うことを許された民間伝承は、夏のプラネタリウムでもよく聞くお話です。

　ところが、7月7日の夜空にこの2つの星を眺めようと空を見上げても、ちょうど梅雨の時気と重なることもあり、なかなか星が見えません。実は七夕は現在の暦ではなく、以前に採用されていた旧暦を含む太陰太陽暦における「7月7日」の行事でした。

　国立天文台では、「二十四節気の処暑を含む日かそれよりも前で、処暑に最も近い新月の瞬間を含む日から数えて7日目」を伝統的な七夕と定義しています。現代では8月頃になるため、梅雨が明けた夜空の高いところで織姫と彦星を見つけやすいはずです。

七夕の伝説

天帝の娘で機織りの名手である織女と牛飼いの牽牛が結婚を機に仕事をサボるようになり、怒った天帝は2人を天の川で隔てて引き離しました。7月7日にだけ会うことが許され、この日に見える上弦の月が舟となりますが、雨が降って水かさが増したときには、カササギの群れが橋をかけるというお話。
七夕の物語はもともと中国から伝来し、星祭りなどと結びついて、織女に芸事や習い事の上達を願う風習ができたといいます。

★ 夏の星座

わし座
Aquila

面　積：652 平方度
20 時正中：9 月中旬
設定者：プトレマイオス

ゼウスが化けた大きなワシ

α星アルタイル　　16.8 光年　　0.76 等級

©アストロアーツ

　こと座のベガから目線を東側へ向けて見つかるのがわし座のα星アルタイルです。方位がわからないときは、「夏の大三角のうちベガから離れているように見えるのがアルタイル」と覚えましょう。ギリシャ神話によれば大神ゼウスが美少年ガニメデをさらうために化けたワシで、星図によっては、ワシと一緒にガニメデと思しき少年の姿が描かれています。

実際の夜空

富士山の上にある明るい星がアルタイル、
その左上にγ星と右下にβ星が並ぶ

撮影／牛山俊男

わし座と少年アンティノウス

時代によっては、ワシとともにある少年は古代ローマ帝国のハドリアヌス帝が寵愛したアンティノウスとされ、わし座とは別にアンティノウス座として認識されていたこともあります。大航海時代に西洋でつくられた天球儀にも少年とともにAntinousの文字が刻まれていますが、現代ではアンティノウス座は用いられていません。

ホンディウスの天球儀に描かれたアンティノウス

●中国の星座河鼓（かこ）

アルタイルを挟むように位置するβ星とγ星はそれぞれ4等星と3等星です。古代中国ではこの3星で「河鼓」という星座になります。河は天の川、鼓は太鼓の意味だと考えられます。太鼓は楽器としてよりも、軍隊の号令や味方の士気の鼓舞のための重要な道具でした。大河に陣を敷き、大軍を動かす大きな太鼓のようなイメージができるでしょうか。

わし座は、岩山につながれたプロメテウスをついばむワシという話もあります。

103

★ 夏の星座

はくちょう座
Cygnus

面　積：804平方度
20時正中：9月下旬
設定者：プトレマイオス

「北十字」とも呼ばれる、翼を広げた白鳥

©アストロアーツ

　夏の大三角の1等星のうち、こと座のベガから近いほうに見えるのがはくちょう座の尾にあたるα星デネブです。デネブのすぐ隣にある2等星のγ星サドルがお腹、そのまま視線をのばして見つかる3等星のβ星アルビレオがくちばしです。この尾からくちばしまでの線とほぼ直角になるようにサドルから左右に3等星を結べば、翼を広げた白鳥の姿が想像できます。

実際の夜空

写真の夏の大三角の中では、最も左に位置するのがデネブ　　　撮影／牛山俊男

主な天体

■β星アルビレオ

はくちょう座のβ星アルビレオは、宮沢賢治の『銀河鉄道の夜』では「サファイアとトパーズ」にたとえられる有名な二重星です。ただしこの二重星は、距離の異なる2つの恒星が偶然地球から同じ方向に見える「見かけ上の二重星」であると考えられています。比較的小さな望遠鏡でも、宝石のような青色とオレンジ色の2つの星の対比を楽しめます。

撮影／牛山俊男

◉はくちょう座のブラックホール

η星の近くには、はくちょう座X-1と呼ばれる強いX線を出す天体があります。ここではブラックホールが青色超巨星と連星になっており、お互いの周りを公転していると考えられています。超巨星からの物質はブラックホールに引き寄せられ、降着円盤（吸い込まれる物質がつくる輪状の構造）で高温となってX線を放射しています。肉眼で見ることはできませんが、はくちょう座を見つけたら、そこにあるブラックホールの姿を想像しましょう。

はくちょう座は、ゼウスがスパルタ王妃レダに会うために化けた白鳥です。

夏の夜空に広がる天の川

未明に天空高く昇る夏の天の川。夏
の大三角からさそり座までが写真に収
まる。銀河系の中心方向にあるいて
座のあたりは、天の川が特に明るく濃
く見える。

2014年5月上旬
山梨県北杜市
撮影／牛山俊男

★ 夏の星座

さそり座
Scorpius

面　積：497 平方度
20 時正中：7 月下旬
設定者：プトレマイオス

大人気！夏を代表する毒サソリ

| α星アンタレス | 604 光年 | 1.06 等級 |

©アストロアーツ

　夏の宵、南の地平線の上には、さそり座の1等星アンタレスが輝きます。街明かりのない場所では、アンタレスから東の方向へ星をたどれば、釣り針のような星の並びがよく見え、毒針を持つサソリの姿が想像できます。比較的低い位置になるため、街中で毒針までの星の並びを見つけるのは大変ですが、赤く光るアンタレスは見つけやすいでしょう。

夏の宵に南の空の低い位置に、赤い星を見つけたらそれがアンタレスです　　撮影／牛山俊男

主な天体

■ M4、M80 球状星団

α星アンタレスのすぐ近くにはM4、その上方西寄りにはM80と呼ばれる球状星団があります。双眼鏡であれば同じ視野で一緒に楽しめますが、M4に比べるとM80は見つけにくいため、先にM4を見つけて、その右上方のあたりでM80を探しましょう。

©国立天文台

●夜空で競い合う赤く輝く火星とアンタレス

アンタレスの名は、「火星に対抗するもの」という意味の言葉が語源だといわれ、その赤さを火星と競っているとよく紹介されます。赤く見える1等星はほかにもあるのに、なぜアンタレスだけが火星を意識した名をつけられたのでしょうか？
これには星空における火星の動きが関係していると考えられます。火星のような惑星と呼ばれる星は、恒星に対する位置を日ごと変えていくように見えます。火星がさそり座に入り、アンタレスのすぐ近くに見えることもあるため、この赤く明るい2つの星に関連を感じるのは納得です。

撮影／牛山俊男
アンタレスと左上に輝く火星

アンタレスには、コル・スコルピイ（さそりの心臓）という別名もあります。

★ 夏の星座

●赤いアンタレスの周辺をさまよう火星

年によっては、火星がさそり座の中で東や西に行ったり来たりするように見えることがあります。星の位置や動きをよく観測していた中国では、この現象を「螢惑守心」と表しました。古代中国では火星のことを螢惑と呼び、α星アンタレス、σ星、τ星の3星で「心宿」という星座をつくったので、螢惑が心宿の周りを右往左往することから名づけられたのでしょう。螢惑守心は凶事の予兆とされていたともいわれますが、実際には太陽を中心に公転している地球が、同じく公転する火星を追い抜く時期に見える現象です。

この時期は、地球と火星が接近するため火星が明るく見えます。古代中国の人々も明るく赤い星がアンタレスの近くをウロウロするのを見て不気味に感じたのかもしれません。

ある時期の火星の動き

さそりから逃げるオリオン

プラネタリウムでは、「さそり座はオリオン座のオリオンを襲った毒サソリで、今もオリオン座はさそり座から逃げている」と紹介されることがあります。夏の星座さそり座と冬の星座オリオン座を同時に見ることができない現象を表したお話です。季節により見やすい星座が変わるは、太陽が見かけ上、その通り道の黄道を西から東に移っていくためですが、これは地球が太陽の周りを公転しているために起こります。夏にさそり座が見える頃には、オリオン座は太陽と同じ方向にあるため見ることができず、冬には逆の関係になるのです。

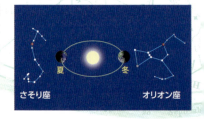

column

さそり座と中国星座

　古代中国では、さそり座のあたりには「房宿」「心宿」「尾宿」と呼ばれる3つの星座がつくられました。尾宿はさそり座の尾と重なり、古代中国ではこれを大きな龍の尾と見ていました。中国星座では、おとめ座からいて座のあたりにかけて「角宿」「亢宿」「氐宿」「房宿」「心宿」「尾宿」「箕宿」という星座がつくられ、7つ合わせて「東方青龍」と呼びました。東方を司る神獣「青龍」の姿を星空に見たとき、尾宿は龍の尾にあたるのです。みなさんには、S字形の星の並びはサソリと龍、どちらの尾に見えるでしょうか。もしくは何か別の生物の尾に見えるかもしれません。

　また、古代中国の辞典には「龍は春分に昇り、秋分に地に潜る」との記述があり、この龍とは青龍のことであるといいます。実際に春分の日の夜には、角宿や亢宿といった青龍の頭の部分が東の地平線の上に昇ります。一方、秋分の日の夜には尾宿や箕宿が西の地平線近くにあり、まさに青龍が地面に潜ろうとしているかのように見えます。また、アイヌの人々もさそり座の付近には龍の姿を見ており、雷は暴れ回るその龍の鳴き声であるとも伝わります。さそり座を見つけたら、そこに住む龍の姿も想像して楽しみましょう。

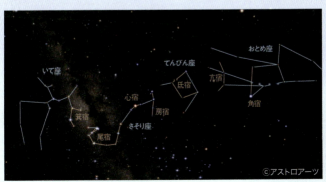

東方青龍をつくる7つの中国星座（株式会社アストロアーツの「ステラナビゲータ12」を使用して作成）

★ 夏の星座

へびつかい座、へび座
Ophiuchus , Serpens

名医アスクレピオスと大蛇

| へびつかい座 | α星ラスアルハゲ | 46.7 光年 | 2.08 等級 |
| へび座 | α星ウヌクアルハイ | 73.2 光年 | 2.63 等級 |

面　積：948 平方度（へびつかい座）
　　　：637 平方度（へび座）
20 時正中：8 月上旬（へびつかい座）
　　　　：7 月下旬（へび座〈頭部、尾部総合〉）
設定者：プトレマイオス

©アストロアーツ

　こと座のベガとさそり座のアンタレスの間に、へびつかい座のα星ラスアルハゲが見つかります。ラスアルハゲは「蛇使いの頭」という意味で、蛇を手に持つ蛇使いの頭にあたる2等星です。へびつかい座が手に持つへび座は頭と尾の2つに分かれており、それぞれへび座（頭）、へび座（尾）などと表されることもあります。

主な天体

■ へびつかい座の球状星団

球状星団は数十万個の星がほぼ球状に密集する星団です。球状星団の年齢は約100億〜150億年ほどと考えられています。へびつかい座には球状星団が多くあり、双眼鏡や望遠鏡で楽しめます。

へびつかい座の球状星団のひとつM14

● へび座の頭と尾

へび座は頭と尾に分かれている珍しい星座で、これにより全星座数は88ですがその全領域数は89となります。バラデルの天球儀には、頭と尾の部分にそれぞれle Serpent（へび座）の文字が記載されており、すでに頭と尾に分けて考えていたのでしょうか。

バラデルの天球儀に描かれたへび座

名医アスクレピオス

ギリシャ神話によれば、へびつかい座は医師であるアスクレピオスの姿だといいます。いて座になった賢者ケイローンのもとで医術を学び、優れた医師に育ったアスクレピオスは多くの人々を助けます。しかし死人をもよみがえらせたことで神々の怒りを買い、雷に打たれて命を落としますが、医師としての功績が認められて星座になったといいます。アスクレピオスが手にする大蛇は再生のシンボルとなり、古来医術の象徴とされています。世界保健機関（WHO）の紋章には蛇が巻きついた杖が描かれていますが、これも医聖アスクレピオスに由来しています。

名医アスクレピオスの像（スペインのアンプリアス遺跡）

へび座のα星ウヌクアルハイはアラビア語の「蛇の首」に由来します。

★ 夏の星座

ヘルクレス座
Hercules

面積：1225平方度
20時正中：8月上旬
設定者：プトレマイオス

ひざまずくギリシャ神話の大英雄

| α星ラスアルゲティ | 382光年 | 2.78等級 |

©アストロアーツ

　へびつかい座の頭にあたる2等星ラスアルハゲの西隣で3等星を見つければ、それがヘルクレス座の頭の星にあたるラスアルゲティです。名前の語源はアラビア語で「ひざまずいた者の頭」。その名のとおり、この星から上方にH字形に星を結び、ひざまずいた勇者ヘラクレスの姿が描かれます。街中で見つけるのは大変ですが、挑戦しがいがあります。

下方にある明るいベガから右の方に
縦に並ぶラスアルゲティとラスアルハゲが見える

撮影／牛山俊男

へびつかい座とヘルクレス座の見つけ方

1等星を持たない2つの星座を見つけたい場合、夏の大三角を使う方法もあります。こと座のベガとわし座のアルタイルを結ぶ線を折り線にして、はくちょう座のデネブを折り返したあたりに、へびつかい座のラスアルハゲとヘルクレス座のラスアルゲティを見つけることができます。

主な天体

■ M13 北半球で随一の球状星団

M13は勇者ヘラクレスの背中から腰のあたりに位置する2つの3等星、η星とζ星の間にある有名な球状星団です。全天一美しい球状星団ともいわれ、双眼鏡や小さな望遠鏡でもぼんやりとした広がりを確認でき、恒星との見え方の違いもわかります。

©なよろ市立天文台

 ヘラクレスが成し遂げた偉業は、「12の大業」として有名な神話です。

★ 夏の星座

いて座
Sagittarius

弓矢をかまえる半人半馬の賢者

面 積：867 平方度
20 時正中：9月上旬
設定者：プトレマイオス

α星ルクバト　　　170 光年　　　3.96 等級

©アストロアーツ

　さそり座の東側で、北斗七星と似たような小さなひしゃくの形が目印になります。この並びは、南斗六星と呼ばれ、ギリシャ神話では半人半馬の姿をしたケイローンがかまえた弓矢のあたりに位置して描かれます。同じ姿をした粗野で野蛮なケンタウルス座のケンタウロス族とは異なり、医学や武術に秀いで、優れた教師であったといわれます。

実際の夜空

中央から少し左上に、いて座の目印になる南斗六星が見える　　　　　撮影／牛山俊男

主な天体

■いて座A*（エースター）

天の川は私たちの銀河系（天の川銀河）を内側から見た姿です。地球から観察すると、いて座は銀河系の中心と同じ方向にあり、天の川が特に濃く見えます。2022年5月には世界各地にある電波望遠鏡を連携させた国際プロジェクトEHTにより撮影された銀河系の中心にある巨大ブラックホール、いて座A*（エースター）の姿が発表され、大きな話題となりました。

ただし、正確にいえばこの画像はブラックホールシャドウと呼ばれるブラックホールの影をとらえたものになります。光を発しないブラックホールそのものを撮影することはできませんが、その周りで輝くガスを電波望遠鏡で撮影することにより、明るいリング状構造（光子リング）の中心にある暗い領域（シャドウ）が見えています。ブラックホールはこのシャドウの中に位置します。

© NASA/CXC/Caltech/M.Muno et al.　　© EHT Collaboration
X線観測と電波観測によるいて座A*

α星ルクバトは、アラビア語で「膝」を意味する言葉に由来します。

★ 夏の星座

 夜空のティータイム (ミルキーウェイ、ミルクディッパー、ティーポット)

天の川は英語でミルキーウェイ、街明かりのない暗い空で見るぼんやりとした星の広がりは、空にこぼされたミルクのようです。そこに浮かぶ南斗六星の星の並びは、ミルクディッパー（ミルクさじ）と呼ばれますが、さらに周りにある星と結ぶとティーポットを形づくることもできます。天の川と楽しむ夜のティータイム、という具合でしょうか。

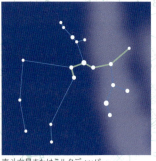
南斗六星またはミルクディッパー

ティーポット

賢者ケイローン

ギリシャ神話に登場する半人半馬のケンタウロスは、星座だけでなくファンタジー作品やゲームなどにも登場します。ケンタウルス座にもその姿は描かれていますが、いて座のモデルになったのは賢者ケイローンという特定の人物です。ギリシャ神話ではへびつかい座の医師アスクレピオスやヘルクレス座の勇者ヘラクレスを立派に育てますが、のちにヘラクレスとほかのケンタウロス族との戦いの中で誤って毒矢を受けて命を落とし、大神ゼウスによって星座とされたといいます。

オーギュスト＝クレマン・クレティエン作『アキレウスの教育』（1861年）

column

いて座と中国星座

　いて座のあたりには、古代中国で重要視された「二十八宿」と呼ばれる28の星座のうち、「斗宿」と「箕宿」と呼ばれる星座がつくられました。斗宿の「斗」はしゃもじやひしゃくのことで、南斗六星の並びを指します。箕宿の「箕」は竹や籐などを編んでつくる農具で、穀類を入れて上下にゆり動かして穀物の中にあるごみや粉を振り分ける作業などに使われます。中国星座では地上の人々の生活や道具なども反映されているため、このような星座がつくられました。

　古代中国では「箕は風を好む星、畢は雨を好む星」とされ、現代のおうし座のあたりにつくられた「畢宿」（P.216）と並べられていたようです。月が箕宿に近づくと風が吹き、月が畢宿に近づくと雨が降る、という表現が書物にも見られ、民間にも知られていたといいます。確かに箕という農具を使えば風を起こすこともでき、編まれた網目から漏れ聞こえる音で風を感じることもできそうですから、この星座と風の関係は想像しやすいかもしれません。

南斗六星がそのまま「斗宿」にあたる

★ 夏の星座

たて座
Scutum

面　積：109平方度
20時正中：8月下旬
設定者：ヘヴェリウス

ポーランド王ソビエスキーの盾

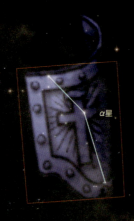

| α星固有名なし | 174 光年 | 3.85 等級 |

©アストロアーツ

ランデの天球儀に描かれたソビエスキーのたて座

　わし座とへび座の間、いて座の上にあります。4等星以下の星ばかりなので、実際の空で見つけるのは難しいでしょう。星座絵では十字架がついていますが、これは17世紀末、英雄と崇められた王ソビエスキーの盾だといわれます。もともとは「ソビエスキーのたて座」という名で、ランデの天球儀でもソビエスキーの名を確認できます。

★ 夏の星座

みなみのかんむり座
Corona Australis

面　積：128平方度
20時正中：8月下旬
設定者：プトレマイオス

リースとしても描かれる小さな王冠

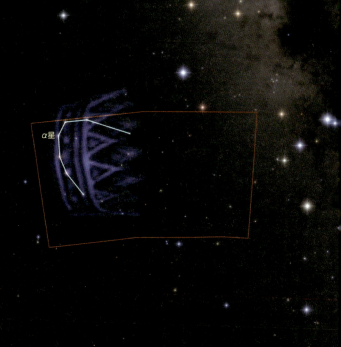

α星メリディアナ　　130光年　　4.11等級

©アストロアーツ

　いて座の足元にある4等星と5等星で結ぶ半円形の星並びが目印です。春の星座かんむり座と対比すると明るさも控えめで、双眼鏡などを使わないと見つけるのが難しい星座です。かんむり座と同様に歴史の古い星座で、ともに王冠ではなく植物の輪（リース）が描かれることもあります。古代ギリシャでは両者を「2つの冠」と表現することもあったようです。

★ 夏の星座

てんびん座

Libra

善悪をはかる正義の天秤

面 積：538平方度
20時正中：7月上旬
設定者：プトレマイオス

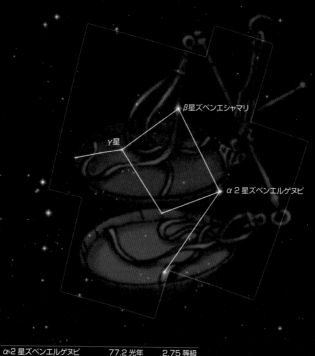

| α2星ズベンエルゲヌビ | 77.2光年 | 2.75等級 |

©アストロアーツ

　おとめ座とさそり座の間に位置する黄道十二星座のひとつで、古くにつくられました。1等星はありませんが、西隣のおとめ座のスピカ、東隣のさそり座のアンタレスの間で、α星、β星、γ星の3つの3等星でつくる「く」の字を逆さまにしたような形が目印になります。プラネタリウムではおとめ座の正義の女神アストレイアが使用した天秤とよく紹介されます。

中央にてんびん座の逆の「くの字」、そのすぐ右に土星が見える　　　　　撮影／牛山俊男

 ## アラブ＝クーフィー様式の天球儀のてんびん座

　てんびん座はもともと東隣にあるさそり座の一部とされていたようです。α2星ズベンエルゲヌビとβ星ズベンエシャマリの名は、アラビア語で「南の爪」と「北の爪」に由来し、さそり座がかまえるハサミの部分であったことがうかがえます。古代ではさそり座はかなり大きい星座として扱われていたようです。

　アラブ＝クーフィー様式の天球儀には、天秤を使う人物が大きく描かれ、肝心の天秤は小さく描かれています。ギリシャ神話で考えれば、この人物は正義の女神アストレイアとなりますが、アストレイアの姿ともいわれるおとめ座もこの隣にしっかり描かれています。人物（ギリシャ神?）が誰なのかは不明ですが、天秤よりも目立つように見えます。

アラブ＝クーフィー様式の天球儀に描かれたてんびん座には、天秤を持つ人物が描かれている

てんびん座がさそり座から分かれたのは、紀元前1世紀頃だと考えられています。

123

★ 夏の星座

注目 てんびん座と秋分点

てんびん座が確立したとされる時代、てんびん座のあたりには秋分点がありました。秋分点とは地球の赤道を天までのばした天の赤道と、地上から見た太陽の通り道である黄道が交わる点のひとつです。太陽が北から南へ通過する点が秋分点、南から北へ通過する点が春分点になります。秋分点と春分点に太陽があるときは昼と夜の長さが同じになり、それぞれの位置に太陽が来る日を秋分の日、春分の日と呼びます。ただし歳差運動（P.128）の影響で秋分点と春分点の位置は移動するため、秋分点は現在おとめ座にあります。天秤とは左右のバランスで重さを量る道具です。昼夜の長さが等分される時期に太陽が位置する秋分点を知り、当時の人々がてんびん座をここに設定した様子が想像できます。

現在の秋分点

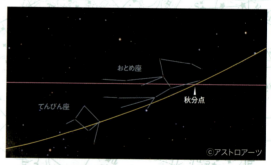

紀元前1000年頃の秋分点

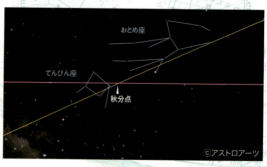

124

column

『銀河鉄道の夜』の道すじ

宮沢賢治の『銀河鉄道の夜』は、ジョバンニが親友カムパネルラと列車で旅するお話で、星に関する表現も多く登場します。

はくちょう座（北十字、アルビレオ）のあたりから始まり、さそり座（さそりの火）を通り、コールサック（石炭袋）、みなみじゅうじ座（サザンクロス）で旅を終えるまで、天の川に沿って星空を南下するように物語が進行します。天の川は銀河系を内側から見た姿ですから、「銀河鉄道」は響きが美しいだけでなく、科学的な表現でもあります。

この作品には様々な解釈や考察がありますが、実在する星や星座がどのような表現で書かれているのかを知るだけでも、物語をより楽しむことができます。物語を読んだあとには、ぜひ夜空で登場する星や星座たちを自分で探しながら『銀河鉄道の夜』の世界を堪能しましょう。

『銀河鉄道の夜』に登場する星座や天体たち。天の川に沿って位置していることがわかる（株式会社アストロアーツの「ステラナビゲータ12」を使用して作成）

©アストロアーツ

★ 夏の星座

りゅう座
Draco

黄金のリンゴを守護するドラゴン

面　積：1083 平方度
20 時正中：8 月上旬
設定者：プトレマイオス

| α星トゥバン | 309 光年 | 3.67 等級 |

©アストロアーツ

　北極星のあるこぐま座を囲むように、北天に並ぶ星の列を結んで長い体をくねらせた姿で描かれる星座です。ヘルクレス座の足元あたりから、おおぐま座とこぐま座の間に向かって長々と星が並びますが、明るい星が少ないため街中ですべてを結ぶのは難しいかもしれません。空が暗いところで、北極星やこぐま座の並びの近くを探しましょう。

主な天体

■ NGC6543 キャッツアイ星雲

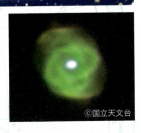

δ星とξ星の間に位置する惑星状星雲で、ハッブル宇宙望遠鏡が撮影した写真が有名です。小型の望遠鏡ではそこまでわかりませんが、写真を見ると複雑な構造で猫の目のような姿をしているのが確認できます。

 りゅう座の神話

　西洋のドラゴンはトカゲのような姿で物語などに登場しますが、りゅう座は中国由来の蛇のようにとぐろを巻いた姿をしています。

　ギリシャ神話によるとこのドラゴンは、天の楽園にいる3人姉妹のニンフ、ヘスペリデスたちが守る黄金のリンゴの木の下で番をするドラゴンだといい、100の頭を持つという恐ろしい怪物でした。黄金のリンゴを取ることを約束させられた勇者ヘラクレスは、天の楽園の場所がわからないため、ヘスペリデスたちの父であるアトラスに「代わりに天を担ぐので、金のリンゴを取ってきてほしい」と頼みます。天を担ぐ仕事から解放されたアトラスは、喜んで金のリンゴを取ってきますが、ヘラクレスは「肩が痛いのでちょっとだけ代わってほしい」とうそをつき、そのままリンゴを持ち去ってしまいます。こうしてヘラクレスは恐ろしいドラゴンと戦うことなく黄金のリンゴを手にして、12の大業のひとつを果たしたといいます。

　天を支えるアトラスは彫像にもなっており、アトラスが抱える天球には星座もいくつか刻まれていることで有名です。

バラデルの天球儀に描かれたヘルクレス座。足元にりゅう座が見える

ヘラクレスが自らドラゴンを倒したという神話もあります。

★ 夏の星座

注目　りゅう座のトゥバンは、古代の北極星

α星のトゥバンは4等星ですが、「古代の北極星」としてプラネタリウムでもよく紹介されます。

北極星と天の北極については、こぐま座（P.60）でも触れましたが、実は天の北極も不変ではありません。地球は公転面に対して軸を傾けて自転していますが、長い年月をかけてコマの心棒のような首振り運動（歳差運動）もしています。この運動にともない、地上から見ると天の北極は星空に円（歳差円）を描くように移動して約2万6000年でひと回りします。

たとえば、紀元前3000年頃には天の北極はトゥバンの近くに位置したため、星の巡りの中心近くにトゥバンがあるように見えたはずです。その頃の日本は縄文時代。もし縄文人が星を頼りに方位を確認していたとすれば、この星が重要視されたはずです。

このように「北極星」と呼ばれるにふさわしい星は移り変わっていくのです。

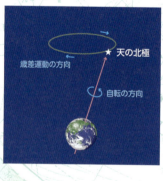

地球の歳差運動により、地軸の延長線上にある天の北極の位置が変わる

天の北極は約2万6000年で1周し、約5000年前はトゥバンの近くにあった

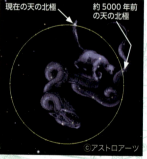

column

りゅう座と中国星座

　古代中国では、りゅう座のあたりには「紫微垣」と呼ばれる、聖域を囲む垣根（城壁）の星座がつくられました。これは「三垣」と呼ばれる3つの垣根の星座のひとつで、天の北極に近い順に「紫微垣」「太微垣」「天市垣」といい、天の北極に近いほど高貴な場を表します。紫微垣は天帝の宮殿を、太微垣は執政・儀礼の場を、天市垣は天の市場を囲む垣根であり、庶民生活を含めた地上世界の営みを想像していたことも読み取れます。

　さらに、三垣はそれぞれ東蕃と西蕃に分かれており、紫微垣は東西合わせて、西洋星座のりゅう座、おおぐま座、きりん座、ケフェウス座、カシオペヤ座にまたがっています。

　西洋において黄金のリンゴを守るりゅう座の星の並びは、古代中国では天帝とその家族を守る壁とされた、と考えると不思議な共通点があるようにも感じます。

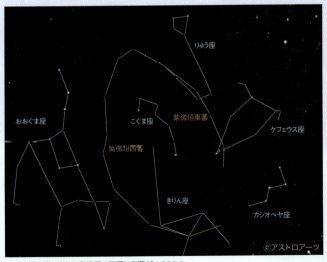

天の北極を囲むように紫微垣の西蕃と東蕃がつくられた

★ 夏の星座

こぎつね座
Vulpecula

ガチョウをくわえた子ギツネ

面　積：268 平方度
20 時正中：9月中旬
設定者：ヘヴェリウス

| α星アンセル | 297 光年 | 4.44 等級 |

Ⓒアストロアーツ

　　はくちょう座とや座の間にありますが、街中で見つけるのは難しい星座です。周囲に明るい星がないので、はくちょう座の3等星アルビレオから、その下方あたりを探しましょう。大きなガチョウをくわえた姿で描かれることが多く、17世紀後半にこの星座を設定したヘヴェリウスの星図では「ガチョウを持っているキツネ」と記載されています。

主な天体

■ M27 亜鈴状星雲

鉄亜鈴のような形状をしており、その形が円盤状で惑星のように見える惑星状星雲の例としてよく取り上げられます。かつて恒星であった中心にある星が寿命を迎えて放出したガスが光って見えます。

©国立天文台

■ Cr399 コートハンガー

ベガとアルタイルの間のあたりにあり、まさにハンガーのような形に星が並んでいます。5等から7等までの暗い星ばかりで結びますが、双眼鏡などを向けるとわかりやすい形で楽しめます。

©アストロアーツ

●こぎつね座の姿の変遷

この星座の設定以前につくられたホンディウスの天球儀にはこぎつね座の姿はありませんが、その後のバラデルの天球儀には、ガチョウを追いかけるキツネの姿を見つけることができます。天球儀を見比べることで、星座の歴史を垣間見ることもできそうです。

ホンディウスの天球儀には、こぎつね座は描かれていない

バラデルの天球儀に描かれたこぎつね座

ラランデの天球儀に描かれたこぎつね座

ガチョウは単独で「がちょう座」として認識されたこともあったようです。

★ 夏の星座

いるか座
Delphinus

小さなひし形が目印のイルカ

面　積：189平方度
20時正中：9月下旬
設定者：プトレマイオス

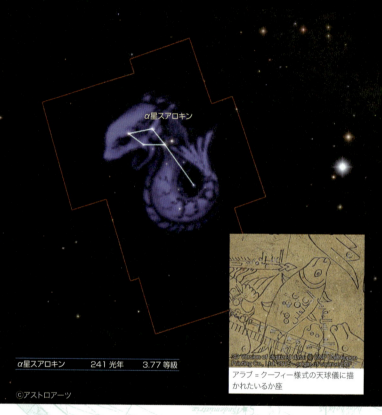

α星スアロキン　　　241 光年　　3.77 等級

©アストロアーツ

アラブ＝クーフィー様式の天球儀に描かれたいるか座

　わし座のアルタイルの北東にある小さな星座です。海神ポセイドンの使いであるとも、ギリシャの音楽家アリオンを救ったイルカであるともいわれます。4等星でつくるひし形とそこからのびた尾のような形に星を結ぶと、流線形のイルカを想像できそうです。しかし星座絵では、私たちがよく知るイルカとは異なり、尾を丸めた魚の姿をしています。

column

プラネタリウム弁士・河原郁夫氏

　プラネタリウムを操作し矢印ポインタなどで星を指しながら話す人々はプラネタリウム解説員と呼ばれます。演出に合わせて時間を進め、星座絵を出したり消したり、音楽をかけて音量を調節したり……ひとりで何役もこなすこともあります。

　本書の参考文献『星空のはなし 天文学への招待』の著者である故・河原郁夫氏は、亡くなる前日まで半世紀以上にわたり星の魅力を語り続けたプラネタリウム解説員です。天文民俗学者でもある、野尻抱影氏とも交流がありました。

　星とプラネタリウムを愛した河原氏は、自らをプラネタリウム弁士「ぷらべん」と名乗り、自身が見た空や星の様子を語りながら、「みなさんも自分の目で星を見てください」というメッセージをとても楽しそうに発信していました。

　その優しい語り口にファンも多く、筆者もその中のひとりとして、河原氏の投影に通っていました。そして河原氏の投影に通う中で、プラネタリウム解説員の仕事とはたんに星の説明をするのではなく、「星や星座、宇宙の魅力や神秘に触れる楽しさを伝えること」なのだと考えるようになりました。本書にも河原氏が紹介していた星の探し方やお話をちりばめています。みなさんもぜひ実際の空で星をご覧になってください。

■ **プロフィール**

河原郁夫（1930～2021年）
小学4年生のとき、父親と行った東日天文館（東京有楽町にあった施設）でプラネタリウムの虜になる。戦後に天文博物館五島プラネタリウム、神奈川県立青少年センターで解説員を務めながら後進の育成にも力を注いだ。第45回川崎市文化賞を受賞。

画像提供：かわさき宙と緑の科学館
（川崎市青少年科学館）

★ 夏の星座

や座
Sagitta

面　積：80平方度
20時正中：9月中旬
設定者：プトレマイオス

天の川を横切る小さな矢

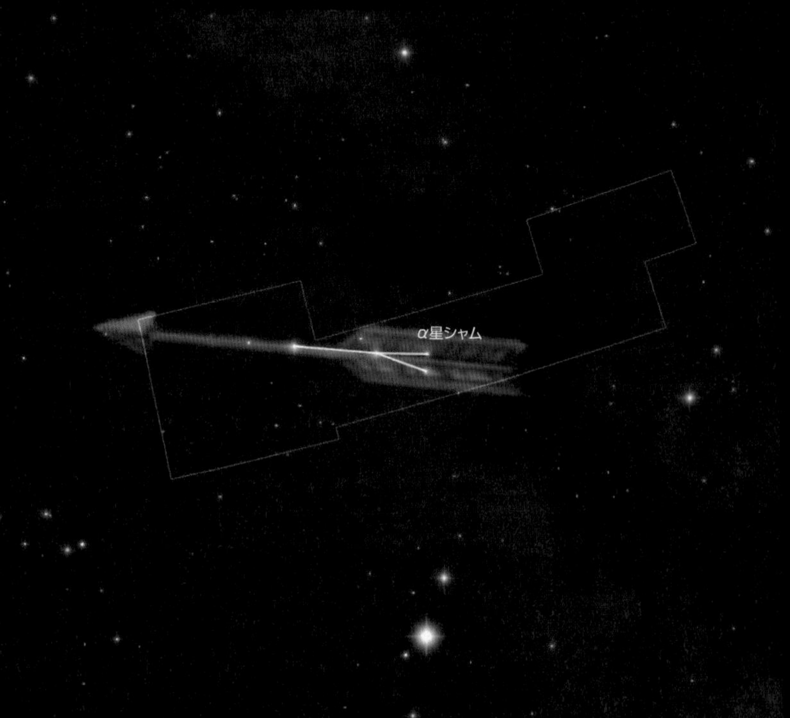

*α*星シャム

α星シャム	473光年	4.39等級

©アストロアーツ

　わし座のアルタイルとはくちょう座のアルビレオの間にある、4等星4つでまさに放たれた矢のような形が目印になる星座です。肉眼では見つけにくいのですが、夏の天の川の写真を撮影したときなどは特徴的な形ですぐわかります。古くからある星座ですが、この矢の正体には諸説あり、一説によるとエロスが持つ矢であるともいわれます。

★ 夏の星座

さいだん座

Ara

儀式に使う聖なる祭壇

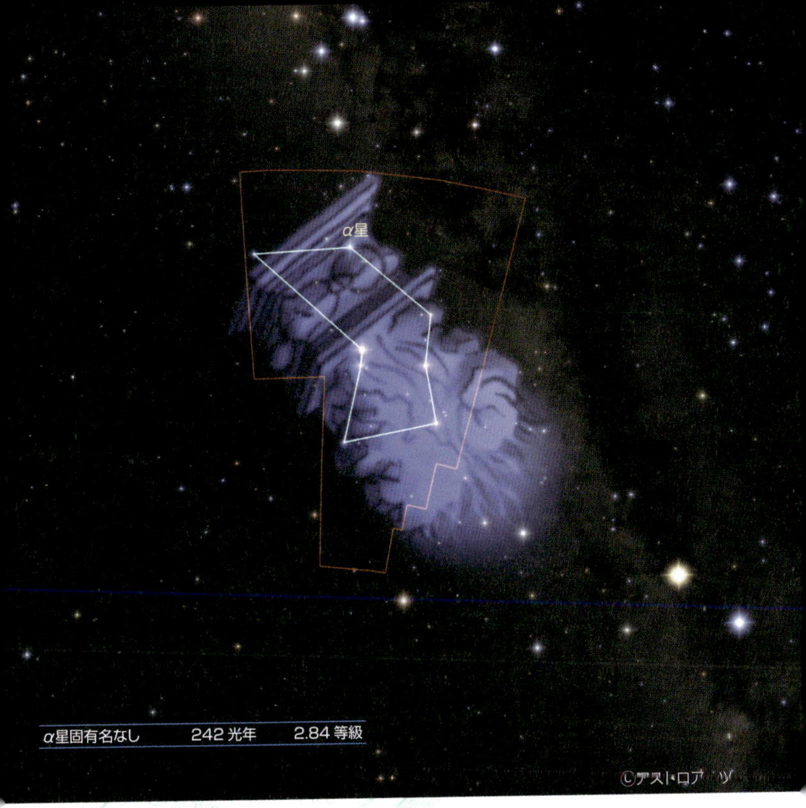

面　積：237 平方度
20 時正中：8 月上旬
設定者：プトレマイオス

α星

| α星固有名なし | 242 光年 | 2.84 等級 |

©アスト・ロア・ツ

　　さそり座の尾の下方にあり、日本では南の空のかなり低い位置に見え
る星座です。「さいだん」は漢字で「祭壇」と書き、礼拝や祭祀などで生
贄や供物を捧げる台のことです。多くの星図では火が焚かれて煙が立ち
上る台として描かれています。特に神話との結びつきはありませんが、古
くから存在した星座で、紀元前のギリシャで知られていたようです。

★ 夏の星座

ぼうえんきょう座
Telescopium

面　積：252 平方度
20時正中：9月上旬
設定者：ラカイユ

天文学を発展させた発明品

| α星固有名なし | 249 光年 | 3.49 等級 |

©アストロアーツ

　18世紀にフランスの天文学者ラカイユが設定した星座で、いて座とみなみのかんむり座の南側にあります。明るい星がなく、関東や中部以北では本当に南の空低いところにしか昇らないので、見つけるのは大変でしょう。望遠鏡にもいくつか種類がありますが、これは当時開発されて広まりつつあった屈折望遠鏡を表しています。

★ 夏の星座

じょうぎ座
Norma

2つの定規の組み合わせ

面　積：165平方度
20時正中：7月中旬
設定者：ラカイユ

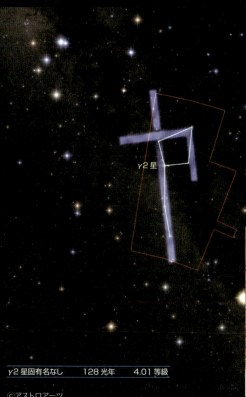

γ2星

γ2星固有名なし　　128光年　　4.01等級

©アストロアーツ

ラランデの天球儀に描かれた
じょうぎ座

　さそり座の南側に位置します。明るい星がなく、日本では地平線近くにあり、見つけるのが難しい星座です。ラカイユが直角定規と直定規が重なる姿で設定しましたが、ラランデの天球儀にもl'Équerre（直角定規）とla Règle（直定規）の文字が記され、2つの定規の組み合わせであることがわかります。

137

★ 秋の星座 ★

秋の夜空を
見上げてみよう

「秋の日はつるべ落とし」の言葉どおり紅葉が色
づき始める頃には日暮れが早くなり、秋の星を楽
しめます。虫の声に秋の深まりを感じる頃には夜
空も秋に衣替え。秋のギリシャ神話の世界をご案
内します（写真中央やや右に縦のカシオペヤ座が
見える）。

2013年10月下旬
山梨県北杜市
撮影／牛山俊男

★ 秋の星座

秋の星空散歩

☀ 秋の四辺形から見つける

　秋の宵に東から南の空で、2等星と3等星で結ぶ四角形を見つければ、それが「秋の四辺形」です。別名「ペガススの四辺形」とも呼ばれ、ペガスス座の胴体にあたる星の並びですが、北東側の星だけはアンドロメダ座の星になります。

■秋、唯一の1等星フォーマルハウト

　秋の四辺形の西側の2つの星を結び、南に3倍ほどのばしたところに、みなみのうお座の1等星フォーマルハウトが見つかります。

　この星は秋の星の中で唯一の1等星なので、時季によっては秋の四辺形よりも先に見つけやすいかもしれません。位置関係を調べておいて、フォーマルハウトから秋の四辺形を探すのもよいでしょう。

■ 秋の四辺形からディフダとカシオペヤ座を探す

　秋の四辺形の東側の2つの星を結び、南に2倍ほどのばしたとこ

ろにはくじら座の2等星ディフダがあります。

　同じように秋の四辺形の東側の2つの星を結び、今度は北に2倍ほどのばしたあたりで、カシオペヤ座を見つけることもできます。2等星3つと3等星2つで結ぶ特徴的なW字形をしており、見つけやすい星座です。

■北極星を見つける

　北半球の星の巡りのほぼ中心に見えるのが、北極星（こぐま座の2等星ポラリス）です。カシオペヤ座の外側の2辺をのばし、その交点と中央の星までの長さを北へ5倍のばして北極星を見つける方法が有名ですが、そのほかにも、秋の四辺形の東側の辺を北にのばして、カシオペヤ座の2等星カフを通り過ぎた先で見つける方法や、「夏の大三角」を使う方法があります（P.146）。自分が見つけやすい探し方で探しましょう。

秋の星空散歩

多摩六都科学館提供の星図を調整

★ 秋の星座

南の星座

フォーマルハウトから秋の四辺形を見つける

秋の南天では、空の低いところでみなみのうお座の1等星フォーマルハウトが輝きます。

フォーマルハウトの上方にはみずがめ座がありますが、暗い星が多く街中で結ぶのは難しいため、さらに上方で空高くにある「秋の四辺形」

秋の星空　南半分
9月中旬 0時頃
10月中旬 22時頃
11月中旬 20時頃

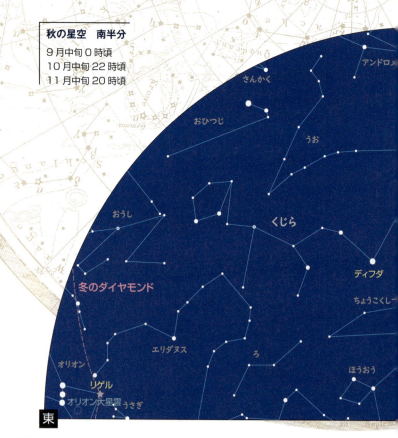

秋の星空散歩

が先に見つけやすいでしょう。この大きな四角は「ペガススの四辺形」とも呼ばれ、天翔る馬ペガスス座の胴体にあたります。

秋の四辺形の西側の辺を南へのばすとフォーマルハウト、東側の辺を南へのばせばくじら座の尾にある2等星ディフダにあたります。

フォーマルハウトとディフダは、日本で見るとそれほど高い位置には昇りませんが、それだけ地平線／水平線に近いので、もし海上で見つけたら、飛び跳ねる1匹の魚と、暴れる化けクジラを想像するのも楽しそうです。

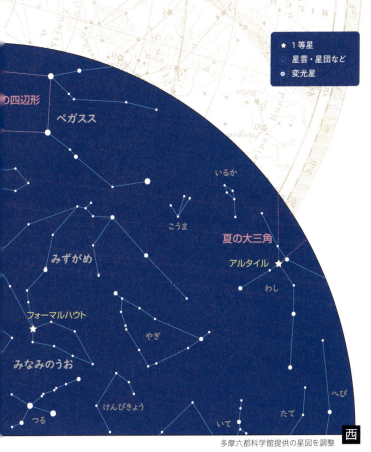

多摩六都科学館提供の星図を調整

★ 秋の星座

☀ 北の星座

カシオペヤ座から北極星を探す

　秋の北天では、カシオペヤ座が高い位置に見えます。この星座から北極星を探す方法は大変有名ですが、本やプラネタリウム解説員により説明の表現には個性が出ます。ここでは「ヤマガタボシ（山形星）」とも呼ばれるカシオペヤ座を山にたとえた説明をご紹介します。

秋の星空　北半分
9月中旬0時頃
10月中旬22時頃
11月中旬20時頃

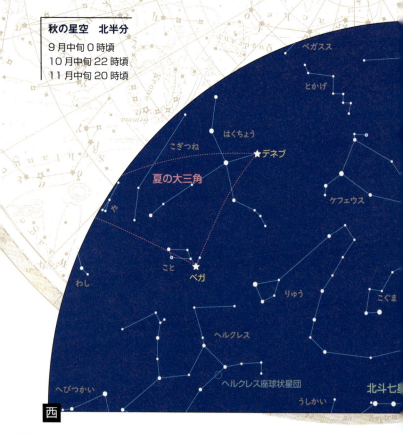

144

秋の星空散歩

　まずカシオペヤ座を2つの山に見立て、両端のふもとから頂上に沿った線をのばしてつくる大きな1つの山をイメージしましょう。その大きな山の頂上と2つの山の谷間の星までの長さを谷のほうに5倍のばすと、北極星が見つけられます。

　北極星の探し方に限らず、星の探し方やその表現に決まったものはなく、自分が覚えやすい表現がいちばんよいと思います。様々な探し方を調べたら、自分なりの表現を考えて、実際の星空で星を見つけることができるか試しましょう。

多摩六都科学館提供の星図を調整

145

★ 秋の星座

9月の星空

夏の大三角から北極星を探す

　白露と秋分を迎える9月に入ると、早朝の草木や花に、つゆが光る様子を見ることもできます。残暑の厳しい日が続くこともありますが、秋の気配も少しずつ強くなり、昼と夜の長さが同じ秋分を過ぎると日の入りの時刻はどんどん早まります。ただ、夜空にはまだ夏の星が見えますから、南の空高いところで「夏の大三角」から探しましょう。夏の大三角を構成すること座のベガとはくちょう座のデネブを結ぶ線を折り線として、わし座のアルタイルを北側に折り返したあたりで北極星を見つけることができます。

　北極星はこぐま座の尾の先で輝く2等星ポラリスのことで、北斗七星やカシオペヤ座を使って探す方法が有名ですが、夏の大三角から探す方法も覚えておくとより見つけやすくなるでしょう。

秋の星空散歩

★ 秋の星座

10月の星空

夏の大三角から
フォーマルハウトを探す

　寒露と霜降を迎える10月になると、日照時間もいよいよ短くなって夜が長くなり、草木の夜露を冷たく感じるようになります。秋がより一層深まる時季ですが、夜空にまだ見える「夏の大三角」から秋の星を探します。

　日没後の南西の空高くで夏の大三角を見つけたら、こと座のベガからわし座のアルタイルを結ぶ線を南のほうへのばしたあたりに1等星フォーマルハウトが輝いています。ベガとアルタイルを結ぶ直線上にはありませんが、秋は明るい星が少ないので、位置の見当はつくはずです。秋の星空では唯一の1等星フォーマルハウトはみなみのうお座の口にあるα星です。

　フォーマルハウトから視線を上げた南東の空高いところには、ペガスス座の胴体にあたる「秋の四辺形」(別名「ペガススの四辺形」) を見つけることもできます。

秋の星空散歩

★ 秋の星座

11月の星空

秋の四辺形から星座を探す

　11月になると立冬と小雪を迎え、暦の上ではいよいよ冬が始まります。北国や高地などでは初冠雪のニュースも流れる頃ですが、夜空では秋の星が見ごろです。

　まずは空の高いところで「秋の四辺形」を探しましょう。1等星はないものの、ほぼ頭上に位置して見つけやすい並びです。秋の四辺形はペガスス座の胴体ですが、2等星アルフェラッツだけはアンドロメダ座の星です。このアルフェラッツを含む四辺形の東側の辺を南方へのばせばくじら座のディフダを、北方へのばせばカシオペヤ座を見つけることもできます。

　また、アルフェラッツから北の方へ、アンドロメダ座のβ星、γ星の2つの2等星をたどった先に「人」の文字のような星の並びがあります。そのあたりにあるのが、勇者ペルセウスの星座です。

秋の星空散歩

★ 秋の星座

ペガスス座

Pegasus

面　積：1121 平方度
20時正中：10月下旬
設定者：プトレマイオス

空を翔る伝説の天馬

| α星マルカブ | 140 光年 | 2.49 等級 |

©アストロアーツ

　秋の夜空の高いところに、4つの星で形づくられた秋の四辺形（ペガススの四辺形）を見つけることができます。これは天馬ペガススの胴体にあたります。ただし、北東側の2等星アルフェラッツは、アンドロメダ座のα星になります。星座絵では、α星マルカブから南西側に首がのび、ε星は鼻先という具合に、上下がひっくり返った姿をしています。

地上のすぐ上で斜めに傾いた秋の四辺形が見える　　　　　　　　　　　撮影／牛山俊男

主な天体

■ペガスス座51番星

この恒星には、周りを公転する惑星「ペガスス座51番星b」が発見されています。ペガスス座51番星bは1995年に初めて発見された系外惑星（太陽系以外の惑星）です。現在、5500個以上の系外惑星が発見されており、研究も多岐にわたっています。

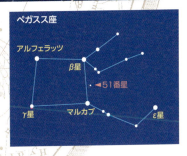

●秋の四辺形の日本での呼び名

秋の四辺形の並びは秋の夜空では特徴的で目立つ星の並びであったようです。ペガススの四辺形以外にも多くの呼び名があります。日本では「シボシ」「ヨツボシ」「ヨツマボシ」など四角に関連した呼び名や、「マスボシ」「マスガタボシ」といった「桝」に見立てた呼び名も伝わります。

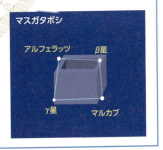

 プラネタリウムでは「ペガスス座の半分は雲に隠れて見えない」などとも紹介されます。　153

column

秋の四辺形と中国星座

　古代中国では秋の四辺形のうち、西側の2星で「室宿」、東側の2星で「壁宿」という星座がそれぞれつくられました。室宿は、外側がふさがれた奥部屋、もしくは営室（祭祀や儀礼が行われる場）を指すともいわれ、ここには東隣にある壁宿の壁で仕切られた神聖な場がイメージされたのでしょうか。

　室宿のすぐ近くには「離宮」という星座もつくられていますが、こちらは正式な宮殿とは別に建てられた宮殿でした。離宮は天を治める天帝の休息や家族団らん、酒宴などが行われたといいます。いわゆる天帝の私的空間ともいう場で、仕事をする場とは役割が分けられた星座がつくられています。このようなところにも、地上世界の人間社会を反映したという中国星座の特徴がよく表れているように感じます。

　また、室宿の南には、「雷電」という星座があります。これは文字どおり雷鳴と稲光を表す星座で、天帝の激しい怒りそのものとして考えられていたといいます。建物だけでなく雷のような自然現象までが星座とされているのも、大変興味深い点です。

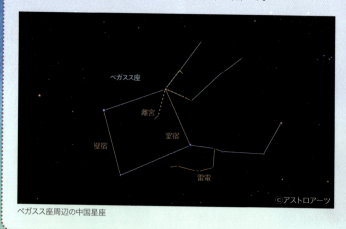

ペガスス座周辺の中国星座

★ 秋の星座

こうま座
Equuleus

面　積：72平方度
20時正中：10月上旬
設定者：プトレマイオス

ペガスス座にハナ差で勝利?

α星キタルファ

| α星キタルファ | 106光年 | 3.92等級 |

©アストロアーツ

　ペガスス座の頭の上にある、馬の頭だけの星座です。星座絵ではペガスス座よりわずかに前に出ているように描かれ、プラネタリウムでも「ハナ差でこうま座」という話をすることがあります。ただし、神話などによるペガスス座との関係はないようです。みなみじゅうじ座に次いで2番目に小さく、いちばん明るい星でも4等星なので大変わかりにくい星座です。

★ 秋の星座

アンドロメダ座
Andromeda

面　積：722 平方度
20 時正中：11 月下旬
設定者：プトレマイオス

アルファベットのＡをイメージして探そう

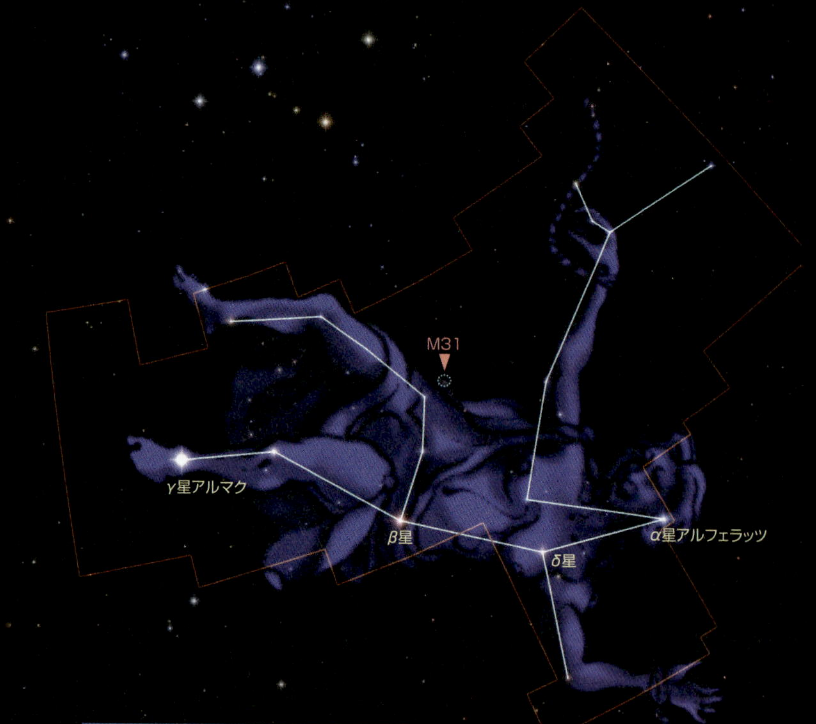

M31

γ星アルマク

β星

δ星

α星アルフェラッツ

| α星アルフェラッツ | 97.1 光年 | 2.07 等級 |

©アストロアーツ

　　古代エチオピア王家の王女の星座で、同じく秋の星座になっているカ
シオペヤ王妃とケフェウス王の娘です。秋の四辺形のひとつ、北東側に
ある2等星アルフェラッツがアンドロメダ座の頭になり、そこから北側へ
星をたどりＡの形に星を結ぶと、鎖でつながれた王女の姿が浮かびます。
すべてを結ぶのは大変ですが、秋の四辺形を見つけたら探してみましょう。

156

実際の夜空

右の秋の四辺形と左のカシオペヤ座の間に、アンドロメダ座が横たわる　　撮影／牛山俊男

主な天体

■α星アルフェラッツ

アルフェラッツはアラビア語の「馬」に由来する言葉で、「馬のへそ」と紹介されることがあります。これは、かつてこの星がペガスス座にも属していたことが関係しています。1928年の国際天文学連合で星座の境界線を整理し、恒星は必ずどれか1つの星座に属することとされ、アンドロメダ座のα星とされました。

◉民具に見立てられた星並び

アンドロメダ座のあたりの星の並びは、日本では「トカキボシ」とも呼ばれたようです。斗掻きとは、桝に盛った穀物を平らにならす道具です。アンドロメダ座のδ星、β星、γ星を結ぶともいわれますが、はっきりとはわかっていません。ただ、秋の四辺形を桝に見立て、盛られた穀物を平らにする棒が近くにあるのは確かに自然な配置です。日本での呼び名は生活に根づいたものが多く、西洋のギリシャ神話とは違った魅力があります。

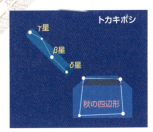

アンドロメダ座の足元にあるγ星アルマクは、二重星としても有名です。

★ 秋の星座

注目 私たちの銀河系によく似たアンドロメダ銀河

アンドロメダ座のμ星のそばには、アンドロメダ銀河（M31）があります。街明かりがない場所で、月明かりも邪魔しないような日には、ぼやっとした広がりを持つ淡い光を肉眼でも確認できます。

©国立天文台

250万光年ほど離れたところにある、私たちの銀河系とよく似た姿をした渦巻銀河であり、大型望遠鏡や宇宙望遠鏡で撮影された美しい写真のイメージがありますが、空が暗い場所なら肉眼でもぼんやり見える天体です。そして私たちの銀河系を外側から見れば、M31と同じような姿に見えるはず。もし遠く離れたところで知的生命体が私たちのほうを眺めていたとしたら、同じようにぼんやりと見えている可能性もあるのです。そんなことを考えながら星や天体を眺めると、楽しみ方も広がるかもしれません。

見つけ方は、まずアンドロメダ座のα星から足元のほうへ、比較的明るいδ星とβ星とたどりましょう。β星から北側に直角に曲がり、アンドロメダ座を横切るように星をたどります。アンドロメダ姫の腰のあたりをよく見て、ぼやっとした淡い光を見つければ、それがM31です。

双眼鏡などでも星をたどってM31を探すことができる

column

秋の星座と古代エチオピア王家の物語

　アンドロメダは古代エチオピア王家の王女。星座絵では鎖で縛られた姿で描かれています。

　ギリシャ神話によると、母であるカシオペヤ王妃が口にした「私は海の神ネレイスの娘たちよりも美しい」という傲慢な自慢話に怒った海の大神ポセイドンが大津波を起こし、王国に大きな被害をもたらしました。ケフェウス王は「この国を救いたければ、娘のアンドロメダ姫を怪物クジラの生贄に捧げよ」という神託を受け、泣く泣く娘のアンドロメダを海岸の岩に縛りつけます。そこに通りかかったのが、天馬ペガサスにまたがった勇者ペルセウスです。彼は怪物メドゥーサ（P.168）を退治し、自国へ帰る途中でした。

　アンドロメダの救出を条件に、ケフェウス王から彼女との結婚の許しを得たペルセウスは、持っていたメドゥーサの首を怪物クジラにつきつけ岩に変えて退治します。ペルセウスは約束どおりアンドロメダと結婚、一方カシオペヤはこの顛末の罰として、逆さまのイスに座らされて天の北極の周りを回ることになりました。カシオペヤ座の星座絵もこの様子を反映した姿でよく描かれています。

　秋の星空はこの古代エチオピア王家の物語の舞台となっています。様々な解釈がありますが、一般的にプラネタリウムで紹介される大まかなストーリーはここに書いたとおりです。

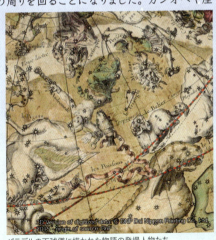

バラデルの天球儀に描かれた物語の登場人物たち

★ 秋の星座

カシオペヤ座
Cassiopeia

面　積：598平方度
20時正中：12月上旬
設定者：プトレマイオス

北極星の周りを巡る一年中観察できる星座

| α星シェダル | 229光年 | 2.24等級 |

©アストロアーツ

　秋の四辺形のうち東側の辺を北にのばせば、2等星と3等星がWもしくはMの形に並んだカシオペヤ座が見つかります。北極星を探すときの目印となる星座としても有名です。アンドロメダの母であるカシオペヤは、娘や自分の美しさを自慢する傲慢な態度の罰として両手を上げた姿でイスに座らされ、天の北極の周りを回っているといいます。

中央やや右で縦に並ぶW字形の星の並びが見える　　　　　　　　　　　　　撮影／牛山俊男

見つけるコツ 秋の四辺形を使って見つける

そのままでも見つけやすい星座ですが、秋の四辺形を使って探すこともできます。秋の四辺形のうち東側の辺を北のほうへそのままのばしていくと、カシオペヤ座のβ星である2等星カフが見つかります。この星を端にしたWの形を探しましょう。

主な天体

■ M52 散開星団

カシオペヤ座には多くの星雲や星団があり、ケフェウス座との境界近くにある散開星団M52は、小さな望遠鏡や双眼鏡で楽しめる天体です。カシオペヤ座のα星とβ星を結んだ長さを、そのままβ星のほうへのばしたあたりを探しましょう。

©なよろ市立天文台

カシオペヤ座には、「イカリボシ（錨星）」という和名も記録されています。

★ 秋の星座

●特徴的な星並びからついた名前

カシオペヤ座の特徴的で見つけやすい星の並びには、日本各地でも呼び名がつけられています。5つの星が並ぶので「イツツボシ（五つ星）」、その形状から「ヤマガタボシ（山形星）」や「イカリボシ（錨星）」など、数多くの呼び名が記録されています。みなさんならこの星並びにどのような名前をつけるでしょうか？

注目 ティコ・ブラーエが記したカシオペヤ座の新星

1572年、カシオペヤ座の方向に昼間でも見えるほどの大変明るい星が突然出現した記録が残されています。デンマークの天文学者ティコ・ブラーエがこの星の詳細な観測記録を本にまとめて出版したことから「ティコの新星」と呼ばれますが、その正体は恒星の爆発により明るく輝いた超新星です。現在では、超新星が確認された位置には可視光やX線などで観測される超新星残骸が発見されており、400年以上前の爆発の衝撃波で今も膨張を続けていることがわかっています。

ホンディウスの天球儀には、ティコの新星（矢印）についての説明のほか、ティコ・ブラーエの肖像（上）も大きく描かれている。当時の天文学に大きな影響を与えたことがうかがえる

column

カシオペヤ座と中国星座

　古代中国では、カシオペヤ座のあたりに馬術の名人「王良」の星座がつくられました。王良は趙という国で王にも馬術を教えていましたが、馬術にたとえながら国政の在り方を説いたといいます。ちなみにカシオペヤ座の隣にあるケフェウス座には「造父」という同じく馬術の名手の星座があり、王良とともに国がよく治まるたとえの引き合いに出されます。

　さて、古代中国では王良のすぐ近くにあるカシオペヤ座のγ星を「策」という1つの星座として認識しました。策とはムチのことで、王良が使った馬を打つムチを指すと考えられますが、王良や造父が複数の星で結ぶのに対して、策は星1つで星座とされたのです。

　このように中国星座には1つの星を星座としたケースがほかにもあります。たとえば、みなみのうお座のフォーマルハウトは「北洛師門」（宮城を守る天の門）、おおいぬ座のシリウスは「天狼」（狼）、うしかい座のアルクトゥールスを「大角」（青龍の角）などと呼び、1つの星で星座としています。これは西洋星座にはない中国星座の特徴といえるでしょう。

カシオペヤ座のあたりにつくられた中国星座の王良と策。策は星1つで星座とされた

★ 秋の星座

くじら座
Cetus

面 積：1231 平方度
20 時正中：12 月中旬
設定者：プトレマイオス

アンドロメダ姫を襲う伝説の化けクジラ

| α星メンカル | 220 光年 | 2.54 等級 |

©アストロアーツ

　秋の四辺形の東側の辺を南にのばすと、くじら座のβ星ディフダが見つかります。この星はデネブ・カイトスとも呼ばれた2等星で、その東側をよく見ると、3等星と4等星がひしゃくのような形に並んでいます。このあたりがクジラの胴体になります。クジラではなくゴジラのような見た目ですが、アンドロメダを襲った化けクジラで、勇者ペルセウスが退治しました。

主な天体

■ o星ミラ

ミラはラテン語で「驚くべきもの」という意味で、約332日の周期で2等から10等くらいまで明るさが変化します。間もなく一生を終える段階の不安定な星で膨張と収縮を繰り返し、膨張すると表面温度が低下して暗く、収縮すると表面温度が上昇して明るくなります。明るさが変化する星は変光星と呼ばれ、ミラのように星の膨張と収縮の繰り返しによる変光星は脈動変光星と呼びます。ラランデの天球儀には、ミラの位置にChangeante(「変化」)という記載が確認でき、変光星であることが示されています。

ラランデの天球儀に描かれたくじら座

注目 2匹のカエル

くじら座のβ星は2等星で、デネブ・カイトスの名前でよく紹介されていました。デネブ・カイトスはアラビア語で「クジラの南の尾」に由来し、その名のとおりくじら座の尾に位置しますが、2016年にはこの星の正式な固有名はディフダになりました。

ディフダはアラビア語で「2番目のカエル」を意味する言葉に由来し、1番目のカエルはみなみのうお座のフォーマルハウトを指すといいます。2つとも明るい星なので、街中でも2匹のカエルを探しましょう。

くじら座のα星メンカルの名前は、アラビア語の「鼻」に由来しています。

165

★ 秋の星座

ペルセウス座
Perseus

面　積：615平方度
20時正中：1月上旬
設定者：プトレマイオス

怪物メドゥーサの首を手にした勇者の姿

| α星ミルファク | 592 光年 | 1.79 等級 |

©アストロアーツ

　アンドロメダ座のα星からβ星、γ星と2等星をたどった先に、漢字の「人」のような形で星が並んでいるところがあります。これがアンドロメダ姫を救った勇者ペルセウスの星座で、剣と怪物メドゥーサの頭を手にした姿で描かれます。β星アルゴルの名前はアラビア語で「悪魔の頭」に由来しており、文字どおりメドゥーサの頭の位置にあります。

見つけるコツ ペルセウス座の見つけ方

まずは秋の四辺形を見つけて、アンドロメダ座のα星アルフェラッツ、β星、γ星と2等星をたどります。さらにその先で、漢字の「人」のような形に星が並んでいるところがペルセウス座になります。1等星はありませんが、2等星ミルファクが目印になるでしょう。

主な天体

■二重星団 h-χ（エイチ・カイ）

ペルセウス座α星ミルファクからカシオペヤ座の方向へ視線をのばすと、カシオペヤ座との境界あたりに2つの散開星団が並んで見えます。西側のNGC869をh、東側のNGC884をχといい、2つ合わせてh-χ（エイチ・カイ）と呼びます。街明かりのない暗い場所なら肉眼で確認できます。

©国立天文台

■β星アルゴル

アルゴルはくじら座のミラと同様に明るさが変わる変光星ですが、その理由は異なります。こちらは互いの周りを回る明るい星（主星）と暗い星（伴星）が、周期的にお互いを隠し合う（食）ときに明るさが変化するように見えるのです。そのため、食が起きないときには一定の明るさを保ちます。このようなタイプの変光星をアルゴル型変光星と呼びます。

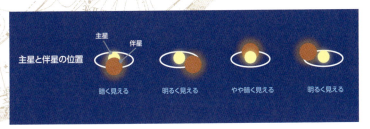

神話によると、ペルセウスの子孫には勇者ヘラクレスがいます。

★ 秋の星座

注目 ペルセウス座流星群

ペルセウス座流星群は、毎年8月12〜13日頃によく見られます。流星群については、しし座流星群（P.54）で紹介していますが、ペルセウス座流星群ではペルセウス座のγ星付近に輻射点があります。ちょうどお盆休みの頃にピークを迎えるので、キャンプや街明かりの少ない場所に出かけたら、空を見上げて流れ星を探してみましょう。

怪物メドゥーサ

　ペルセウスに退治されたメドゥーサは、ギリシャ神話の中でも有名な怪物です。

　一説によればもとは美しい女性でしたが、女神アテナの神殿での海王ポセイドンとのあいびきがアテナの怒りを買い、髪の毛は蛇と化し、その目を見た者を石にする怪物にされたといいます。これに抗議した姉たちも怪物にされ、ゴルゴン3姉妹と呼ばれました。

　アラブ＝クーフィー様式の天球儀ではペルセウス座が3つの頭を手にした姿で描かれており、「3姉妹」に由来したものと考えられます。

パラデルの天球儀（左）とアラブ＝クーフィー様式の天球儀（右）に描かれたペルセウス座。ペルセウスが持つメドゥーサの頭の数が異なる

column

ペルセウスの冒険

　ギリシャ神話によると、ペルセウスの父は大神ゼウス、母はギリシャ南部のアルゴス王女のダナエだといいます。ダナエの父であるアクリシオス王は「ダナエの子に命を奪われることになる」との予言を恐れてダナエを監禁していました。そこへ、ダナエを見初めた大神ゼウスが黄金の雨となって入り込み、ペルセウスが誕生します。これに驚いたアクリシオスによりダナエとペルセウスは箱に入れられて海に流され、セリポスの島に漂着しました。

　成長したペルセウスは、母ダナエに言い寄る島の王の弟ポリデクテスから、怪物ゴルゴンの首を取るという難題を命じられます。神々の助けでゴルゴンのひとりメドゥーサの首を切り落としたペルセウスは、ギリシャに帰る途中でアンドロメダを救出しました（P.159）。

　島に帰還したペルセウスは、メドゥーサの首をポリデクテスに示して石に変えると、妻のアンドロメダと母ダナエを連れてギリシャに戻りました。

　その後ペルセウスはテッサリアの競技会で円盤投げに参加しますが、円盤を投げたときに手元が狂い、その円盤が見物をしていた白髪の老人を直撃します。そのまま命を落としたこの老人こそ、アクリシオス王でした。ペルセウスのギリシャ帰還を知ったアクリシオスは予言を恐れてテッサリアへ逃れ、偶然競技会を訪れていたのです。

　予言から逃れようとして行ったことが裏目に出て、結局は予言のとおりになってしまったというお話です。

グスタフ・クリムト作『ダナエ』（1907〜08年、ヴュルトレ画廊蔵）

169

★ 秋の星座

ケフェウス座
Cepheus

面　積：588平方度
20時正中：10月中旬
設定者：プトレマイオス

古代エチオピア王国の王様

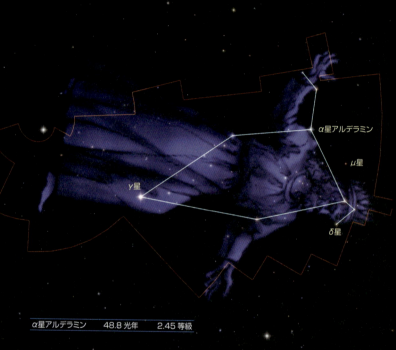

| α星アルデラミン | 48.8光年 | 2.45等級 |

©アストロアーツ

　古代エチオピア王国のアンドロメダ姫の父で、カシオペヤ王妃の夫でもあるケフェウス王の星座で、ペルセウスの化けクジラ退治にも登場します。妻であるカシオペヤ座の隣で、屋根つきの家のような形に並ぶ五角形が目印ですが、暗い星が多くて街中で見つけるのは難しいかもしれません。

カシオペヤ座からたどって見つける

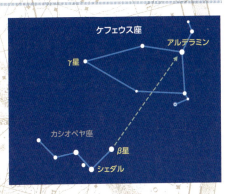

カシオペヤ座のα星シェルダルからβ星のほうへ視線をのばした先に比較的明るい星を見つければ、それがケフェウス座α星アルデラミンになります。ケフェウス座は、アルデラミンを含むいびつな五角形です。

なお、アルデラミンという名前は、アラビア語の「右側の腕」が由来になっているといいます。ここを右腕として、両腕を広げたケフェウス王の姿をイメージできるでしょうか。

主な天体

■δ星

セファイドと呼ばれるタイプの変光星を代表する星です。このタイプの変光星は、周期と光度の関係から、星までの距離を求めることができます。この性質を利用して、銀河などの中にあるケフェウス座δ星型の変光星の観測結果から、その距離が計算されています。

©なよろ市立天文台

■μ星 ガーネット・スター

いびつな五角形の底辺から少し離れたところにあります。赤っぽく見えることから「ガーネット・スター」とも呼ばれています。4等星で少し暗めなので、街明かりのあるところでは、肉眼で見つけるのに苦労します。双眼鏡や望遠鏡でその赤色を楽しみましょう。

©なよろ市立天文台

> セファイドはくじら座のα星ミラ(P.165)のような脈動変光星の一種です。

171

★ 秋の星座

みずがめ座
Aquarius

面　積：980平方度
20時正中：10月下旬
設定者：プトレマイオス

水がめを担いだ美少年

α星サダルメリク　　759光年　　2.95等級

©アストロアーツ

　みなみのうお座のフォーマルハウトから上方へ暗めの星をたどると、4等星と5等星でつくる三つ矢の形があります。このあたりにあるのがみずがめ座です。ギリシャ神話によれば、大神ゼウスにさらわれた美少年ガニメデの姿で、抱えた水がめからは水が流れ出ています。その先にあるみなみのうお座は、この水を飲むような姿で描かれます。

172

低位置のフォーマルハウトから
上に暗い星をたどると、三つ矢の
ような星並びがある

フォーマルハウト →

撮影／牛山俊男

主な天体

■ NGC7293 らせん星雲

みなみのうお座の少し上、みずがめ座の足のあたりには、「らせん星雲」と呼ばれる天体があります。こと座のM57（P.99）と同じ惑星状星雲ですが、かなり淡い光なので肉眼で確認するのは難しいでしょう。

©国立天文台

美少年ガニメデ

　みずがめ座のガニメデはトロイアの王子で、大ワシに化けたゼウスによって連れ去られ、神々に酌をする役を与えられたとされます。このときゼウスが化けた大ワシがわし座（P.102）となり、星座絵にはガニメデがともに描かれることもあります。この少年をガニメデではなく、美少年アンティノウスの星座（P.103）としたケースもあるので、わし座に必ずしも少年の姿が描かれているとは限りません。

　プラネタリウムによって少年がいない星座絵もありますので、わし座が出てきたら注目しましょう。

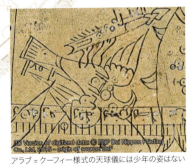
アラブ=クーフィー様式の天球儀には少年の姿はない

 神話では神々の酒は「ネクタル」と呼ばれ、飲んだ者を不死にするともいいます。

173

column

水に関係する秋の星座

　秋の星座といえば古代エチオピア王家の物語をイメージされがちですが、観点を変えると水に関係したものが多くあることに気づきます。これには雨季や川の増水が関係しているようです。

　たとえば、みずがめ座の原型は古代バビロニアにあるとされ、男性が持つ水がめ（壺）から流れ落ちる水が降雨の増大と川の氾濫を象徴したとも考えられています。農作業の目安や季節を知るための役割も果たしていたのでしょう。

　また、2匹の魚が結ばれた姿のうお座も、その原型においては2匹を結ぶロープがメソポタミア地域のチグリス川とユーフラテス川を表すとも考えられています。農業には欠かせない川の形態をも星空に見ていたことが、この季節の星座で想像できます。

　ほかにも魚が1匹のみなみのうお座、半分魚の姿をしたやぎ座、異形の姿をしたくじら座、夏の星座のいるか座もまだ見えており、この時季に水を連想させる星座が同じ空で見られることに気づきます。

　日本では長雨が降る時期で星空は見えにくいのですが、晴れ間に星を見つけたら水に関係する星座たちを探しましょう。

ホンディウスの天球儀に描かれた秋に見やすい星座たち。水に関係する星座も見えている

惑星のある風景

地上から空に昇るしし座と明るい惑星たち。レグルスのすぐ下にある金星から、下に火星と木星、さらに地上からすぐ上に水星も見えている。明るい惑星たちは肉眼でも確認できる。

2015年10月12日
山梨県北杜市
撮影／牛山俊男

★ 秋の星座

うお座
Pisces

面　積：889 平方度
20 時正中：11月下旬
設定者：プトレマイオス

長いロープで結ばれた親子の魚

| α星アルリシャ | 139 光年 | 3.82 等級 |

©アストロアーツ

　秋の四辺形の南東側の角を挟むように、暗めの星が並んでいるのを見つけたらうお座です。2匹の魚がロープで結ばれた姿をしており、愛の女神アフロディーテとその息子エロスの姿だといいます。2人を結ぶ間にあるα星アルリシャはアラビア語で「ロープ」を意味する言葉が由来となっています。空が暗いところで、秋の四辺形の東側を探しましょう。

アルリシャ

右上には秋の四辺形、左下にはα星アルリシャが見える　　　撮影／牛山俊男

見つけるコツ　秋の四辺形の南東の角から探す

秋の四辺形の南東の角を大きく挟むように並ぶV字形の星の並びを見つけると、2匹の魚を結ぶロープの部分になります。明るい星が少ないので、空が暗い場所で探しましょう。

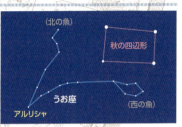

主な天体

■ M74 渦巻銀河

M74はうお座η星のすぐ近くにある渦巻銀河で、地球からはちょうど銀河を真上から眺める向きで見えます。肉眼でその姿を見ることはできませんが、大型望遠鏡で撮影された画像も多く公開されています。

©なよろ市立天文台

> ●うお座とみなみのうお座のつながり
>
> うお座の2匹の魚は、愛の女神アフロディーテとその息子エロスが変身した姿だといいます。怪物テュフォンから逃れるため魚に変身した際、離れぬようお互いをロープで結んだ様子がうお座になっています。このときのアフロディーテの姿は、みなみのうお座にもなっています。

秋の四辺形の南隣の魚は「西の魚」、アンドロメダ座寄りの魚は「北の魚」とも呼ばれます。　　　177

★ 秋の星座

やぎ座
Capricornus

面　積：414平方度
20時正中：10月上旬
設定者：プトレマイオス

「半山羊半魚（はんやぎはんぎょ）」の変わった姿

α2星アルゲディ

α2星アルゲディ　　109光年　　3.58等級

©アストロアーツ

　こと座のベガからわし座のアルタイルのほうへ、そのまま東に向かって視線をのばすと、暗い星でつくる逆三角形が見つかります。これがやぎ座の目印ですが、街中で見つけるのは大変です。やぎ座は半分が山羊、半分が魚の変わった姿をしています。ギリシャ神話によれば牧神パーンが怪物テュフォンに襲われた際、変身に失敗した姿といわれます。

中央上で暗い星で結ぶクロワッサンのような逆三角が目印だが、街中では見えにくい

撮影／牛山俊男

 こと座とわし座の延長線上にある

夏の大三角がまだ見えれば、こと座のベガとわし座のアルタイルを結ぶ線を東のほうへのばして、暗い星々で結ぶ逆三角形を見つければ、そのあたりがやぎ座です。暗い星ばかりなので、空が暗い場所で探しましょう。

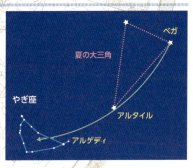

◉半山羊半魚

やぎ座は歴史の古い星座で、昔から半分魚の姿で描かれてきました。ところが、アラブ＝クーフィー様式の天球儀のやぎ座には、しっかりとした後ろ足がひづめまで描かれています。理由はわかりませんが、4本足のやぎ座はあまり目にする機会がないので、ご紹介しておきます。

半分魚ではないやぎ座は珍しい

 牧神パーンは人々を怯えさせて大騒ぎさせることから、パニックの語源になったともいいます。

★ 秋の星座

みなみのうお座
Piscis Austrinus

面　積：245平方度
20時正中：10月下旬
設定者：プトレマイオス

口が輝くひっくり返った魚1匹

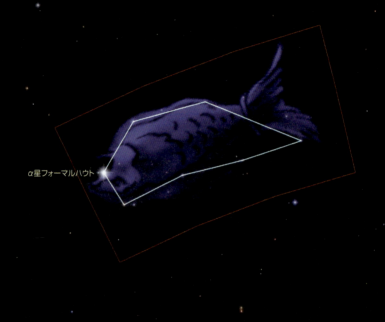

α星フォーマルハウト　25.1光年　　1.17等級

©アストロアーツ

　同じ秋の星座であるうお座とは異なり、1匹の魚で表されます。1等星フォーマルハウトの意味はアラビア語の「魚の口」に由来し、その名のとおりみなみのうお座の口のあたりに位置します。フォーマルハウトは秋の星空で唯一の1等星です。南の空でポツンと1つだけ明るく見えるので「秋のひとつ星」とも呼ばれます。

夏の大三角と秋の四辺形からたどる

フォーマルハウトは1等星で見つけやすい星ですが、日本の夜空では、比較的低いところにあるため、建物に隠れて見えにくい可能性があります。図のように、空高く見える夏の大三角や秋の四辺形からフォーマルハウトを探すのもよいでしょう。

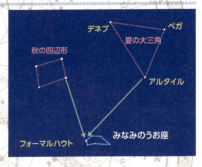

主な天体

■α星フォーマルハウト

フォーマルハウトの周りにはちりとガスからなる環が発見されていますが、電波望遠鏡アルマによる観測で、その科学的な特徴が太陽系の彗星と類似することも判明しました。過去に太陽系で起きた現象がフォーマルハウトの周りで起きている可能性もあると考えられています。

電波望遠鏡アルマで観測したフォーマルハウト

●みなみのうお座は酔っ払い中?

みなみのうお座はみずがめ座の水がめから流れた水を口にして、ひっくり返った姿で描かれる場合も多く、プラネタリウムではガニメデが神々に酒の酌をしていた話を踏まえ、「こぼれた酒を飲み過ぎてひっくり返っているのかも?」と紹介することがあります。
図鑑などで見かけたらひっくり返っているかどうか確認してみましょう。

ホンディウスの天球儀(上)とバラデルの天球儀(下)では、魚の向きが違っている様子が確認できる

 フォーマルハウトには、船を進める目印とする「フナボシ」という和名もあります。

★ 秋の星座

おひつじ座
Aries

黄金に輝く空飛ぶ羊

面　積：441平方度
20時正中：12月下旬
設定者：プトレマイオス

| α星ハマル | 65.9光年 | 2.01等級 |

©アストロアーツ

　おうし座の西側にあり、羊の頭のあたりで輝く2等星ハマルが目印です。神話によれば空を飛び、金の毛皮を持つ羊であるともいわれます。昔は春分点がおひつじ座に位置したことから、占星術でも重要視されてきました。歳差運動により、現在はうお座に春分点がありますが、おひつじ座は現在でも黄道十二星座第一の星座とされています。

中央にあるハマルを含めた小さな三角を探す。左にはすばるも見えている　撮影／牛山俊男

見つけるコツ　秋の四辺形の東を探す

秋の四辺形の東側を見ると、おひつじ座のハマルが2等星で明るく輝きます。空の状態や人によっては、秋の四辺形よりも見つけやすいかもしれません。かなり大まかな探し方になりますが、目立つ2等星から探しましょう。

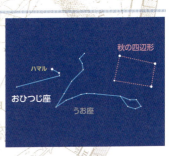

主な天体

■α星ハマル

「ハマル」は、アラビア語で牡羊を意味する「アル=ハマル」に由来します。もともとおひつじ座全体を表す名称でしたが、この星の固有名になりました。

●ふいごに見立てられたおひつじ座

おひつじ座には古代中国では「婁宿（ろうしゅく）」という星座がつくられたほか、日本では「たたらほし」と呼ぶ時代もありました。たたらとは足で踏んで風を送るふいごのことで、その形から想像されたといいます。

©アストロアーツ

おひつじ座の正体には諸説あり、ゼウスが巨人族から逃れるときに化けた羊ともいいます。

183

黄道十二星座について
こうどう

　地上から見る太陽は、5月初旬にはおひつじ座にあり、次第に東へ移動して5月半ばにはおうし座に入るというように、星空の間を1年かけてひと回りします。この太陽の通り道を黄道といい、黄道上には占星術で有名な黄道十二星座があります。おひつじ座は1番目の黄道十二星座とされますが、これにはかつて基準となった春分点があったことが関係しています。
しゅんぶんてん

　また、誕生日には自分の星座を夜空で見ることはほぼできません。地球は太陽の周りを公転していますが、誕生日には誕生日星座と同じ方向に太陽が位置するため、昼に太陽とともに空に出ているのです。ただし地球の歳差の影響で、現在の春分点はうお座に位置するなど、占星術が整理された頃とはずれが生じていることにも触れておきます。
さいさ

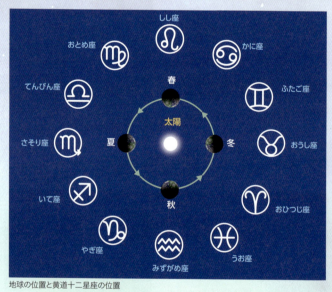

地球の位置と黄道十二星座の位置

★ 秋の星座

さんかく座
Triangulum

面　積：132 平方度
20 時正中：12 月中旬
設定者：プトレマイオス

様々な意味を持つ空の三角

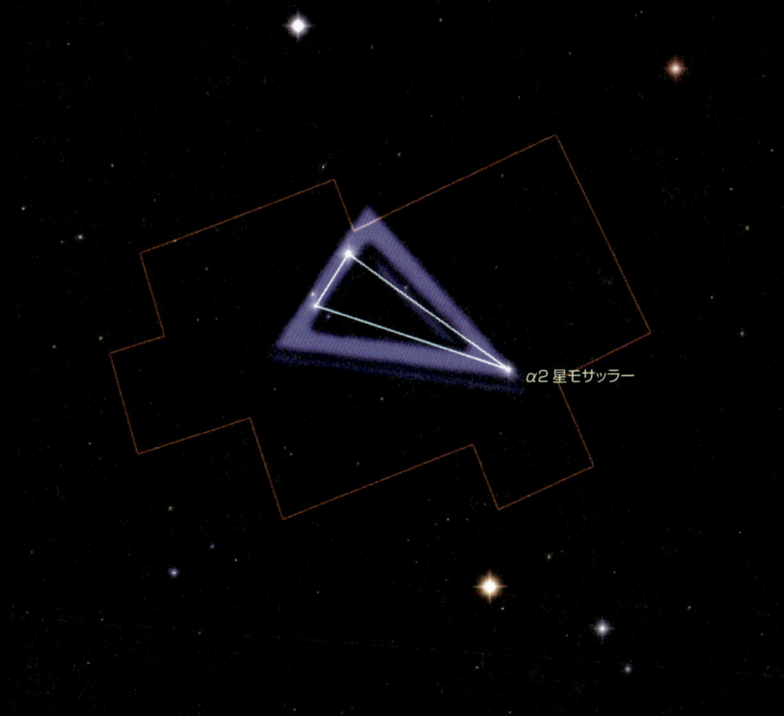

α2 星モサッラー

| α2 星モサッラー | 64.1 光年 | 3.42 等級 |

(c)アストロアーツ

　3 等星 2 個と 4 等星 1 個でつくる二等辺三角形のような形が目印で、アンドロメダ座とおひつじ座の間にあります。名前そのままの星座でよく驚かれますが古くから認識されていた星座で、ギリシャ文字のデルタ（Δ）に見立てて「デルトン」と呼ばれたり、ナイル川がつくる三角洲に見立てたり、カトリック教会の司教冠（司教が被る冠）と見られたりしたようです。

185

★ 秋の星座

とかげ座
Lacerta

面　積：201 平方度
20 時正中：10月下旬
設定者：ヘヴェリウス

尻尾を丸めたトカゲの姿

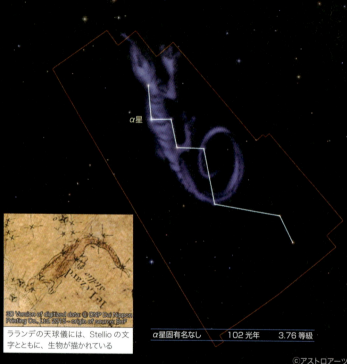

ラランデの天球儀には、Stellio の文字とともに、生物が描かれている

| α星固有名なし | 102 光年 | 3.76 等級 |

©アストロアーツ

　はくちょう座とアンドロメダ座の間にあり、4等星以下の暗い星でジグザグとした線で表されている小さな星座です。天文学者ヘヴェリウスが1687年に出版した星図で発表しましたが、もとは「いもり座」にしようと考えていたといいます。ラランデの天球儀にも、とかげ座の近くにはStellio（いもり）の文字を確認できます。

ほうおう座

Phoenix

面　積：469平方度
20時正中：12月上旬
設定者：ケイザーおよび
　　　　ハウトマン

何度でもよみがえる不死鳥の星座

| α星アンカー | 77.4 光年 | 2.40 等級 |

　寿命を迎えると炎に飛び込み、その灰の中から若返った姿で復活するフェニックスの星座です。星座絵でも炎や煙をまとった姿で描かれます。日本語では「不死鳥」と訳されることが多いのですが、古代中国の霊鳥である「鳳凰（ほうおう）」の名がつけられています。2等星もあり、伝説やその姿からとても人気はありますがプラネタリウムで紹介することは少ない星座です。

★ 秋の星座

つる座
Grus

面　積：366平方度
20時正中：10月下旬
設定者：ケイザーおよび
　　　　ハウトマン

日本では低いところで羽ばたくように見える鶴

α星アルナイル

| α星アルナイル | 101 光年 | 1.73 等級 |

©アストロアーツ

　みなみのうお座の1等星フォーマルハウトの南にある、2つの2等星がつる座の目印です。2等星はありますが、プラネタリムでも紹介する機会は少ない星座です。α星アルナイルは、アラビア語で「魚の尾の中で明るいもの」を意味する言葉が由来とされ、かつてこの星がみなみのうお座の一部であったことがうかがえます。

★ 秋の星座

インディアン座
Indus

面　積：294平方度
20時正中：10月上旬
設定者：ケイザーおよび
　　　　ハウトマン

矢を持つ先住民の姿

α星インディアン　　101光年　　3.11等級

©アストロアーツ

　けんびきょう座の南側、くじゃく座とけんびきょう座の間にある星座です。日本からは見えにくいためプラネタリムで紹介する機会は少ない星座です。新しい星座であるため、ギリシャ神話や伝承などはありません。東インド諸島の先住民がモデルだといわれますが、多くの星座絵では羽のついた頭飾りをつけ、両手に矢を持つ姿で描かれます。

★ 秋の星座

ちょうこくしつ座
Sculptor

面　積：475 平方度
20 時正中：11 月下旬
設定者：ラカイユ

彫刻の道具と胸像で描かれるアトリエ

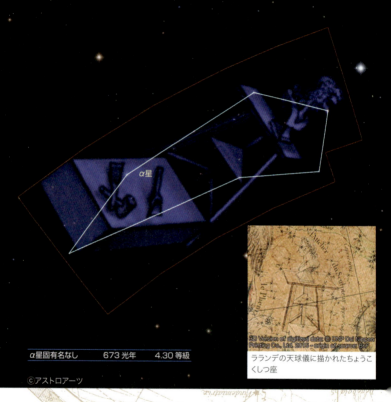

α星固有名なし　　673 光年　　4.30 等級

ラランデの天球儀に描かれたちょうこくしつ座

©アストロアーツ

　　みなみのうお座の東隣にある星座ですが、明るい星がなく見つけにくい星座です。フランスの天文学者ラカイユが発表した星座で、もともとは「彫刻家のアトリエ」を意味する l'Atelier du Sculpteur と記したとされています。フランスの天文学者ラランデが製作した天球儀にも、その文字を確認できます。

★ 秋の星座

けんびきょう座
Microscopium

面　積：210平方度
20時正中：9月下旬
設定者：ラカイユ

小さな世界をのぞく実験器具

α星

| α星固有名なし | 381 光年 | 4.89 等級 |

©アストロアーツ

ラランデの天球儀に描かれたけんびきょう座

　みなみのうお座の西、やぎ座の下にありますが、明るい星がなく目立たない星座です。フランスの天文学者ラカイユが1763年に発表した著書に初めて記載されましたが、外観は現代のものとは少し異なる姿をした顕微鏡です。当時は顕微鏡の実用化が進み、生物学や医学の発展にも貢献しており、さらに改良が続けられていた時代でした。

★ 冬の星座 ★

冬の夜空を
見上げてみよう

寒々とした風に冬の訪れを感じる時季。年末年始の慌ただしさが落ち着く頃になると、夜空の主役はすっかり冬の星々です。寒空に凛と輝く冬の星は1等星も多く、見ごたえも充分。まずは有名なオリオン座から探しましょう（オリオン座や冬の大三角がよく見える）。

2018年11月中旬
山梨県北杜市
撮影／牛山俊男

★ 冬の星座

冬の星空散歩

☀ 1等星で結ぶ冬の大三角と冬のダイヤモンド

冬の宵、南の空には冬を代表するオリオン座が昇っています。オリオン座の2つの1等星、ベテルギウスとリゲルの間にある三ツ星を結んで、東へのばした先には、おおいぬ座のシリウスがあります。

全天で最も明るいシリウスはとても目立つので、オリオン座よりも先に見つけたら、シリウスからオリオン座を探しましょう。

■ 冬の大三角と冬のダイヤモンドを見つけよう

冬は1等星が多く、大まかな位置を把握するだけでも見つけやすくなります。

シリウスとベテルギウスとともに、正三角形に近い形をした「冬の大三角」をつくるのが、こいぬ座のプロキオンです。その上方に並ぶ2つの明るい星はふたご座の1等星ポルックスと2等星カストル、そのまま北に目を向けるとぎょしゃ座のカペラがあります。オリオン座に

戻り、三ツ星の並びに沿って西方に視線をのばせば、おうし座のアルデバランが輝いています。

リゲル、シリウス、プロキオン、ポルックス、カペラ、アルデバランで結ぶ大きな六角形を「冬のダイヤモンド」と呼びます。街中でも見えますが、とても大きな六角形なので、空が開けたところで結びましょう。

■ 恒星の輝きを楽しむ

冬のダイヤモンドを見つけたら、ひとつひとつの星の輝きや色の違いにご注目ください。人と同じように星にもそれぞれ個性があることに気づくでしょう。本書では星の見え方にも触れていますが、それはあくまで筆者個人の見解であったり、一般的な表現を用いた感想であったりするかもしれません。星の見え方や感じ方は人それぞれです。ご自分の目で星を見た印象や感想をぜひ大切にしてください。

冬の星空散歩

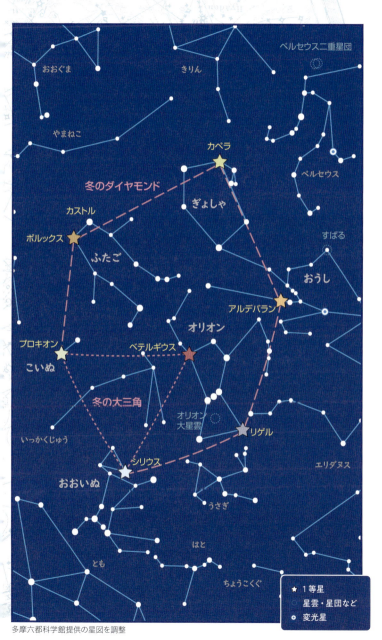

多摩六都科学館提供の星図を調整

★ 冬の星座

南の星座

冬のダイヤモンドを探す

　冬の南天にはオリオン座が高く昇り、赤色のベテルギウスと青白色のリゲルという2つの1等星も見えます。ベテルギウスとリゲルの間にある三ツ星に沿って、視線を東下方へのばすとおおいぬ座のシリウス、シリウスの上方にこいぬ座のプロキオンがあり、ベテルギウスと合わせて「冬

冬の星空　南半分
12月中旬 0 時頃
1 月中旬 22 時頃
2 月中旬 20 時頃

冬の星空散歩

の大三角」を結びます。

プロキオンの上方でふたご座の1等星ポルックスを見つけたらオリオン座に戻り、三ツ星に沿った線を今度は西上方にのばしておうし座の1等星アルデバランを探します。アルデバランから頭上を越して北側でぎょしゃ座のカペラを見つけたら、ベテルギウスを除く6つの1等星で「冬のダイヤモンド」になります。空が明るい場所でも見えますが、とても大きいので建物や木などによって視野が狭くなる場所を避け、空が広く見える場所で眺めましょう。

多摩六都科学館提供の星図を調整

★ 冬の星座

北の星座

カシオペヤ座と北斗七星で知る季節

冬の北天高くにはぎょしゃ座の1等星カペラがあり、南側にある5つの1等星とともに「冬のダイヤモンド」が結べます。カペラから少し視線を下げると、カシオペヤ座と北斗七星も見えており、両方を使って北極星を探しやすい時季でもあります。

冬の星空　北半分
12月中旬 0 時頃 1 月中旬 22 時頃 2 月中旬 20 時頃

冬の星空散歩

　夏の北天でも北極星を中心として、東西にカシオペヤ座と北斗七星が位置する様子は見えますが、比べると東西の配置とそれぞれの向きが反対になっていることがわかります。これは地球の公転の影響により、星が同じ位置に見える時刻が毎日4分ずつ早くなることで起きる現象で、半月で1時間、1か月で2時間、半年で12時間早くなり、1年後には同じ時刻にもとの位置に見えるようになるのです。四季で見やすい星座が移り変わるのもこのためですが、北の空でのカシオペヤ座や北斗七星の見え方で季節の移り変わりを感じることもできます。

多摩六都科学館提供の星図を調整

★ 冬の星座

12月の星空

オリオン座からおうし座とすばるをたどる

　12月は大雪と冬至を迎え、本格的な冬の訪れを感じる時季です。冬至は夏至と反対に夜が最も長く昼が最も短い日で「柚子湯に入る」といった習慣もおなじみですね。夜空では冬の星が見やすくなる頃で、明るい冬の1等星から星座を見つけることができるでしょう。

　東の空には有名なオリオン座が見えており、ベテルギウスとリゲルという2つの1等星があります。ベテルギウスとリゲルの間にある三ツ星の並びに沿って視線を西上方に向けると、おうし座の1等星アルデバランとヒヤデス星団が見つかります。さらにそのまま西に視線をのばすと、おうし座の肩のあたりに日本では「すばる」の名で有名なプレアデス星団があります。これらの星団は肉眼でも楽しめるので、ぜひ探しましょう。

冬の星空散歩

上旬 21 時頃
中旬 20 時頃
下旬 19 時頃

★ 冬の星座

1月の星空

冬の大三角とふたご座を見つける

1月上旬に迎える小寒は寒の入りともいい、ますます気温が下がっていきます。そして、1月下旬の大寒になる頃には冬本番の寒さが到来します。夜に星を眺めるのにも、空気が非常に冷たく感じますが、冬の星がとても見やすくなります。

まずは南東に見えるオリオン座の三ツ星に沿って東下方に視線をのばして、おおいぬ座のシリウス、その上方にこいぬ座のプロキオンを見つければ、オリオン座のベテルギウス、シリウス、プロキオンで「冬の大三角」を結ぶことができます。

さらにベテルギウスとプロキオンを結ぶ線と直角にプロキオンの上方を探すと、ふたご座の1等星ポルックスと2等星カストルも見えます。それぞれ「金星」「銀星」とも呼ばれる2つの星は色の対比も楽しめますので、ぜひ確かめてください。

冬の星空散歩

★ 冬の星座

2月の星空

星の名前を覚えて冬の大三角と
冬のダイヤモンドを結ぶ

2月には立春と雨水を迎え、早くも暦の上では春が訪れます。寒さが少しずつやわらぎ、ここからは春の気配を感じられる頃とされますが、夜空はまだまだ冬の星が見ごろです。

オリオン座の肩にあたるベテルギウス、その東上方のふたご座のポルックスを結ぶ線を底辺として、北のほうに三角をつくるようにしながら明るい星を見つけたら、それがぎょしゃ座の1等星カペラです。これまでに見つけてきたオリオン座のリゲル、おおいぬ座のシリウス、こいぬ座のプロキオン、ふたご座のポルックス、ぎょしゃ座のカペラ、おうし座のアルデバランで「冬のダイヤモンド」を結ぶことができます。

明るい1等星が多い冬の星空はとてもにぎやかで、星の名前を覚えると探すのも楽しくなります。防寒対策をしっかりと整えて、実際の空で星を探しましょう。

冬の星空散歩

★ 冬の星座

オリオン座
Orion

面　積：594 平方度
20 時正中：2 月上旬
設定者：プトレマイオス

冬を代表する巨人の狩人

α星ベテルギウス　　427 光年　　0.50 等級

©アストロアーツ

　オリオン座は特徴的な星の並びから、よく知られた星座です。巨人の狩人オリオンの右肩で輝くベテルギウス、左足に輝くリゲルという2つの1等星があります。オリオンのベルトにあたる3つの2等星は、「三ツ星」と呼ばれ、その下方には暗い星が縦に並んだ「小三ツ星」があります。小三ツ星の中央の星近くにあるのが、有名なオリオン大星雲です。

実際の夜空

明るい星も多く、特徴的な形でとてもわかりやすい　　　　撮影／牛山俊男

主な天体

■ M42 オリオン大星雲

小三ツ星の中央の星をよく見ると、ぼうっとした光の広がりがわかります。ここにあるのがオリオン大星雲です。オリオン大星雲は散光星雲で、細かいちりやガスのかたまりがその内部にある星の光で輝いて見えます。北側にあるM43と合わせて鳥が羽ばたいているような形をした星雲として紹介されます。

撮影／牛山俊男

■ 馬頭星雲

オリオン座の三ツ星のうち、最も東側の星であるζ星アルニタクの南のあたりにある暗黒星雲です。多くのちりが背景にある散光星雲（IC434）の光をさえぎり、その部分が馬の頭の形に黒く切り抜かれるように見えることから名づけられました。

© John Corban & the ESAESONASA Photoshop FITS Liberator

■ M78

オリオン座の三ツ星の最も東側に位置するζ星アルニタクの上方にある星雲で、双眼鏡などを使うと淡い光の広がりをより楽しめます。このあたりにある星間物質が近くにある恒星の光を反射して、輝いているように見えます。

©なよろ市立天文台

オリオン座には、「サムライボシ（侍星）」という和名もあります。

★ 冬の星座

> **注目　平家星と源氏星～ベテルギウスとリゲルの色の違い**
>
> 赤く見えるベテルギウスと白く見えるリゲルは、その色の対比から日本では「源平の星」とした地域もあります。平家と源氏の旗がそれぞれ赤色と白色であるため、ベテルギウスは「平家星」、リゲルは「源氏星」と紹介されることがあります。一方、北尾浩一著『日本の星名事典』によると、ベテルギウスが源氏星でリゲルが平家星であるといいます。この点については「自分たちが平家と知られたくないためにあえて反対に伝承されたのではないか」とも言われ、和名だけでなく、その名に秘められた様々な物語があることを想うと星の楽しみ方も広がります。
>
>
> ©なよろ市立天文台　©なよろ市立天文台
> ベテルギウス　　　リゲル

オリオンと月の女神アルテミス

　ギリシャ神話における狩人オリオンの逸話はいくつかあり、美しい男性、粗野で傲慢な性格など、印象も様々です。月の女神アルテミスと関係する話もあり、従者や恋仲であったという話、オリオンが一方的にアルテミスに好意を寄せていた話なども伝わります。

　月は、日が経つにつれて星空の中を西から東へ位置を変えていくように見えます。日によってはオリオン座のすぐ近くに月が見えることもあるため、昔の人々もこの2人に関係があるように感じたのかもしれません。

　月のすぐ近くにオリオン座が見えたら、どんな会話をしているのか想像するのも楽しそうです。

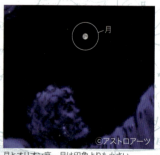
月とオリオン座。月は印象よりも小さい

column

キトラ古墳の天文図

　奈良県明日香村にあるキトラ古墳には、「天文図」と呼ばれる中国式の円形星図が残されていました。天文図には金箔で表現された星を朱線で結んだ中国星座や、天文学的な意味を持つ円などが描かれ、長い年月をかけた観測結果と考えられています。

　オリオン座の星の並びが確認できるほか、おうし座のヒヤデス星団（P.216）やプレアデス星団（P.215）なども実際の星空と同じ位置に描かれたことがわかります。天文図は期間限定申込制で見学できますので、機会があればぜひ本物をご覧ください。

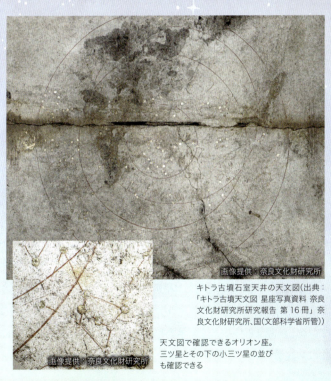

画像提供：奈良文化財研究所

キトラ古墳石室天井の天文図（出典：「キトラ古墳天文図 星座写真資料 奈良文化財研究所研究報告 第16冊」奈良文化財研究所、国（文部科学省所管））

天文図で確認できるオリオン座。三ツ星とその下の小三ツ星の並びも確認できる

画像提供：奈良文化財研究所

★ 冬の星座

おおいぬ座
Canis Major

面　積：380平方度
20時正中：2月下旬
設定者：プトレマイオス

1等星シリウスは、冬の大三角の一部

α星シリウス　　　8.60光年　　−1.44等級

©アストロアーツ

　オリオン座のベルトにあたる三ツ星の並びを東にのばした先に恒星の中で最も明るいおおいぬ座の1等星シリウスがあります。冬の大三角のひとつで、青白く見える強い光は街中でもよくわかります。この犬の正体については諸説ありますが、星座の位置や星座絵から考えると、狩人オリオンが連れた猟犬に見えます。

シリウスから下に星を結ぶと犬の体になり、
富士山の上に立つような姿に見える

撮影／牛山俊男

主な天体

■ α星シリウス

α星シリウスは、肉眼では1つの明るい星に見えますが、実際には連星と呼ばれる天体で、−1.4等級のシリウスAの周囲を8.5等級のシリウスBが回っています。シリウスAを主星、シリウスBを伴星と呼びます。

©国立天文台

■ M41 散開星団

シリウスの近くにある、100個ほどの星が集まって見える散開星団です。双眼鏡や倍率が低めの望遠鏡でシリウスと同じ視野に入るので、比較的見つけやすい天体です。
シリウスの少し南で、星の集団を探しましょう。

©なよろ市立天文台

◉ シリウスの和名

シリウスは1等星が多い冬の夜空でもひときわ目立つため、日本各地でも様々な名前で呼ばれていました。
「オオボシ」「オオボシサン」をはじめ、シリウスの強い光によって大きく見えるような存在を感じさせる名前や、「アオボシ」「アオミノホッサマ」など、その色の印象からつけられた名前も伝えられています。ほかにもタラ漁に出る時間の目標にした「タラボシ」、シリウスが昇るとイカが旬になることに基づいた「イカビキボシ」など、漁業に関する呼び名も記録されています。星が生活に結びついていることを感じさせる和名は大変魅力的で興味を引かれます。

英雄アクタイオンが連れた犬だという説もあります。

★ 冬の星座

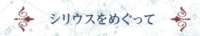

シリウスをめぐって

シリウスという名はギリシャ語のセイリオス（焼き焦がすもの）に由来します。古代の人々は強い光を放つこの星を見て、そのような印象を持ったのでしょうか。夏至の頃には太陽とシリウスが同時に空にあるため「猛暑をもたらすもの」という観点もある、というお話もあります。

古代エジプトでシリウスが重要視されていたことは、プラネタリウムでもよく紹介されます。ナイル川の増水が始まる時期が、シリウスが夜明け前の東の空に見え始める時期と同じ頃になることから、シリウスの観測は重要であった、というお話です。その観測結果は暦にも大きな影響を与えたほか、歴史の実年代算出の根拠のひとつにもなっています。

注目　おおいぬ座と弓矢の星座

シリウスは古代中国では「天狼（てんろう）」や「狼星（ろうせい）」と呼ばれ、1つの星でオオカミの星座としました。その近くにあるおおいぬ座のβ星ミルザムは「野鶏（やけい）」というキジの星座、その下方には隣のとも座の星と合わせて「弧矢（こし）」という弓矢の星座もあります。中国星座のこの並びを見ると、オオカミがキジを狙い、それを弓矢で撃退するシーンがイメージできます。

特に中国星座には当時の地上世界を反映した星座が多いため、お好きな方には歴史ドラマのワンシーンなどを想像しやすいかもしれません。星空を舞台にしたドラマはギリシャ神話だけのものではなく、自分で星座やストーリーを想像するのも自由です。想像力を働かせながら星を楽しみましょう。

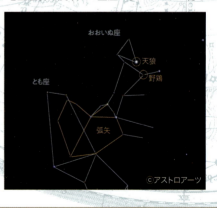

★ 冬の星座

こいぬ座
Canis Minor

面　積：183平方度
20時正中：3月中旬
設定者：プトレマイオス

目に涙が光る小犬の姿

| α星プロキオン | 11.4光年 | 0.40等級 |

©アストロアーツ

　おおいぬ座のシリウスとオリオン座のベテルギウスを結ぶ線を一辺とし、その東側に正三角形をつくるように位置する明るい星がこいぬ座のプロキオンです。プロキオンの語源は「犬の前に」という意味で、シリウスより少しだけ早く空に昇ることに由来するといわれます。プロキオンの隣にあるβ星は3等星のゴメイサで、語源は「泣きぬれた瞳」。神話によれば誤って飼い主をかみ殺した悲しみの涙といわれます。

 プロキオンは、その色から「シロボシ（白星）」という和名も記録されています。

213

★ 冬の星座

おうし座
Taurus

面　積：797 平方度
20 時正中：1 月下旬
設定者：プトレマイオス

大神ゼウスが化けた白い牡牛

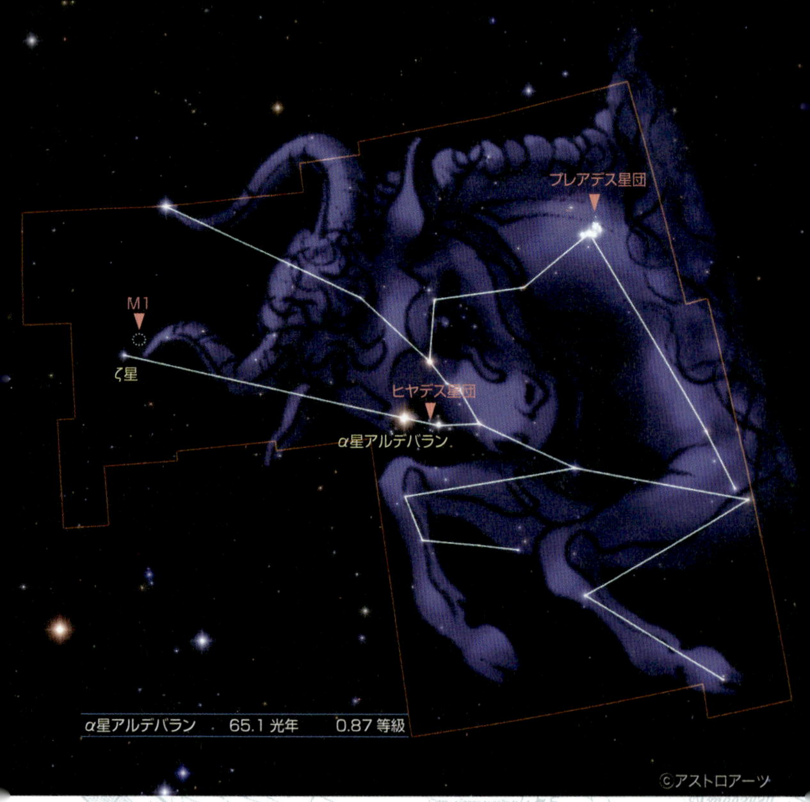

M1

ζ星

プレアデス星団

ヒヤデス星団

α星アルデバラン

α星アルデバラン	65.1 光年	0.87 等級

©アストロアーツ

　　大神ゼウスが、王女エウロパの気を引くために化けた白い牡牛だとい
います。おうし座の目で輝く1等星アルデバランを含むV字形の星の並
びのあたりにはヒヤデス星団、肩のあたりにはプレアデス星団があり、2
つとも肉眼で確認できます。プレアデス星団は、日本では「すばる」と
して有名です。

明るい木星の下にヒヤデス星団、右にはプレアデス星団が見える　　　撮影／牛山俊男

オリオン座から1等星と星団を探す

オリオン座の三ツ星から視線を西側にのばすと、おうし座のアルデバランがあります。さらに、そのまま西側に視線をのばして見つかる6〜7つほどの星の集まりがプレアデス星団になります。

主な天体

■ M45 プレアデス星団

おうし座の肩のあたりにある散開星団です。ギリシャ神話によれば女神プレイオネと天を支える神アトラスの間に生まれた7人姉妹の姿だといい、星々の名前の由来にもなっています。街中でもふつうの恒星とは異なる見え方でわかります。

©国立天文台

また、プレアデス星団には様々な呼び名が伝えられ、「ロクジゾウサン（六地蔵さん）」や「シチフクジンボシ（七福神星）」など、信仰の対象ともなっていたことがうかがえる呼び名もあります。

オリオン座からプレアデスの乙女たちを守る牛、と紹介されることもあります。

215

★ 冬の星座

■α星アルデバラン

アルデバランは、アラビア語で「追従者、追いかける者、従者」を意味する言葉に由来するとされます。これは、時間の経過とともにアルデバランがプレアデス星団を追いかけるように東から西へと位置を変える様子を表しています。肉眼でも見えるプレアデス星団が、注目されていたことがよくわかります。

©なよろ市立天文台

■ヒヤデス星団

アルデバランの周辺、牡牛の顔にあたる部分にヒヤデス星団があります。星がV字形に並ぶように見え、中国星座では畢宿(ひつしゅく)と呼ばれます。ヒヤデス星団はギリシャ・ローマで雨の星とされましたが、中国でも「月が畢(ひつ)に近づくと雨になる」という言葉があります。どちらにも雨を連想させる共通点があるのはなんとも不思議です。

ヒヤデスの天球儀に描かれたおうし座。顔のあたりにAldebaranとHyadesの文字が見える

◉『枕草子』に登場する「すばる」

清少納言が、『枕草子』ですばるについて次のように記していることが知られています。

> 星は すばる。ひこぼし。ゆふづつ。よばひ星、すこしをかし。
> 尾だになからましかば、まいて……

美しい星々の中で、清少納言が一番にあげたのがすばるです。ちなみに「ひこぼし」は七夕の彦星でわし座のアルタイル、「ゆふづつ」は太白星と書いて金星、「よばひ星」は流星のことです。流星については「尾を引かなければもっとよいのに……」と書かれていますが、尾とは流星痕(りゅうせいこん)(流星の飛跡に沿って残る淡い光の痕跡)を指すものと思われます。現代では明るい流星痕は喜ばれますが、清少納言はあまりお好きではなかったようです。また、すばるは肉眼でもよくわかる星の集まりなので、各地でも様々な和名が伝わっています。肉眼で6〜7つの星が連なっているように見えることから「ムツラボシ」や「ナナツボシ」、群がり集まっている様子から「ゴジャゴジャボシ」などの呼び名があります。

注目　かに星雲は超新星の残骸

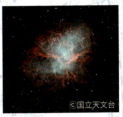

おうし座の角の先、ζ星のあたりにある天体M1は、かに星雲とも呼ばれ過去に出現した超新星（星が寿命を迎えて起こす大爆発）の残骸です。1054年に出現した超新星だといわれ、日本では鎌倉時代に藤原定家が『明月記』の中で「おうし座のζ星の近くに見慣れない星が現れ、木星のように明るくなり、2年間輝きやがて消えた」といった主旨の記述をしています。これは藤原定家自身が見たものではなく、伝え聞いた話を書いたものだと考えられます。

かに星雲は現在も広がっており、中心にはパルサーと呼ばれる高速で回転する中性子星（超新星になった影響でほとんどが中性子になった小さな星）があり、電波やX線などを規則正しく出しています。

白い牡牛とエウロパ

　ギリシャ神話によれば、おうし座のモデルになったのは大神ゼウスが化けた白い牡牛です。

　ゼウスは地中海にあるフェニキアの王女エウロパを見初め、彼女の気を引くため、全身が雪のように真っ白な牡牛に化けて近づくことにします。正体がゼウスとは知らないエウロパは、この白い牡牛に慣れるようになり、ついには背中に乗ります。エウロパを乗せた牡牛は、そのまま地中海を渡りギリシャのクレタ島まで連れ去り、その後2人の間には子どもが生まれたといいます。

　エウロパは「ヨーロッパ」の名の由来になったともいわれ、木星の衛星のひとつにもその名がつけられています。

ティツィアーノ・ヴェチェッリオ作『エウロペの誘拐』(1560～1562年、イザベラ・スチュワート・ガードナー美術館蔵)

217

★ 冬の星座

ふたご座
Gemini

面積：514平方度
20時正中：3月上旬
設定者：プトレマイオス

仲よく並ぶ金と銀の兄弟星

| α星カストル | 51.6光年 | 1.58等級 |

©アストロアーツ

　仲よく並ぶ兄弟の星座で、1等星ポルックスと2等星カストルをそれぞれ頭に、漢字の「北」のような形に星を結べば2人の姿がイメージできます。1等星ポルックスが弟、2等星カストルが兄とされ、星の名前がそのまま人物名になっています。仲よく並んだ2つの明るい星について、日本でも「キョウダイボシ」という呼び名が記録されています。

中央からやや左にカストルとポルックス、そして火星が縦に並ぶ。
右上の明るい星は木星

撮影／牛山俊男

冬の1等星から見つける

まず、オリオン座のベテルギウスとこいぬ座のプロキオンを結ぶ線をイメージします。この線と直角になるようにプロキオンの上を見ると、1等星ポルックスと2等星カストルが並んでいるのが見えます。

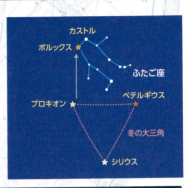

主な天体

■α星カストル

ふたご座のα星カストルは、天体望遠鏡で観察すると2等星と3等星の2つに分かれて見えます。この2つの星はお互いの周りを回る連星で、もうひとつこの連星の周りを回る星も発見されました。さらにこの3つの星はそれぞれが連星であることが判明しており、実は3組の連星からなる六重星ということになります。プラネタリウムでも「ふたご座のα星は六つ子です」などと紹介することもあります。

■ NGC2392 惑星状星雲

ふたご座のδ星の近くにある小さな惑星状星雲で、防寒服のフードを被った人のような姿をしています。寿命を迎えた恒星が噴出したガスによりつくられたと考えられています。

©なよろ市立天文台

 ポルックスとカストルは「ネコノメボシ」と呼ばれた記録もあります。

★ 冬の星座

ふたご座のモデル

　カストルとポルックスは、白鳥に化けた大神ゼウスと交わったスパルタ王妃レダが産んだ2つの卵から誕生したといいます。ひとつの卵からポルックスとヘレネ、もうひとつからカストルとクリュタイムネストラが生まれました。なお、ゼウスが化けた白鳥ははくちょう座となっています。

　兄弟はそれぞれ馬術とボクシングの名手となり、勇士イアソンの冒険にも参加します。乗り込んだアルゴ船が嵐に襲われたときに、2人の頭上にそれぞれ星が輝いて船を安全に導いたことから、特に地中海では航海の守護者としても崇められました。

　なお、ホンディウスの天球儀を見ると、カストルとポルックスの近くにそれぞれ太陽神アポロンと勇者ヘラクレスの名も記載されています。星座絵によってはカストルが琴（アポロンがオルフェウスに琴を与えた）、ポルックスがこん棒（ヘラクレスの持つ武器がこん棒）を手にした姿で描かれていることもあり、ふたご座をアポロンとヘラクレスとした説があることを示しているのかもしれません。

ホンディウスの天球儀に描かれたふたご座

● ふたご座流星群

ふたご座流星群は、しぶんぎ座流星群やペルセウス座流星群と合わせて3大流星群と呼ばれています。
カストルのやや西にある輻射点（ふくしゃてん）から流れ星が降ってくるように見え、毎年12月14日頃にピークを迎えます。この流星群の起源となるちりは、母天体である小惑星フェートンから放出されたものとされています。流星群の母天体は基本的に彗星ですが、フェートンは彗星と小惑星の両性質もしくは中間的性質を持つ可能性も指摘されています。

★ 冬の星座

エリダヌス座
Eridanus

面　積：1138平方度
20時正中：1月中旬
設定者：プトレマイオス

オリオンの足元を流れる大河

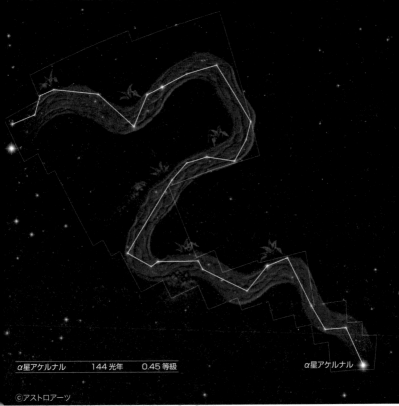

| α星アケルナル | 144光年 | 0.45等級 |

©アストロアーツ

　オリオン座の1等星リゲルのあたりから南方に続く川の星座です。エリダヌス川はギリシャ神話に登場する川ですが、地域によっても説があるようです。エジプトのナイル川、イタリアのポー川など、実在する大河も候補にあげられます。この星座の南端にある1等星アケルナルの名前は、アラビア語の「川の果て」に由来します。

★ 冬の星座

ぎょしゃ座
Auriga
牝山羊（めすやぎ）を抱くエリクトニウス

面　積：657平方度
20時正中：2月中旬
設定者：プトレマイオス

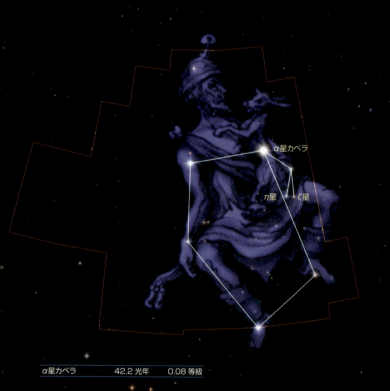

α星カペラ　　　42.2光年　　0.08等級

©アストロアーツ

　オリオン座のベテルギウスとふたご座のポルックスを結んだ線を底辺とした三角をつくるように、北のほうで頂点となる明るい星を見つけたら、それがぎょしゃ座のカペラです。カペラとおうし座の角先（つの）のβ星を含む五角形は特徴的で、日本では「ゴカクボシ（五角星）」の名も伝わります。この御者は神話によると4輪の馬車を発明したエリクトニウスの姿だといいます。

主な天体

■α星カペラ

黄色みを帯びたカペラの表面温度は太陽と同じ約6000℃です。恒星の色は表面温度に関係するため、カペラと太陽は同じような色の星ということになります。どこかに宇宙人がいたら、私たちがカペラを見るのと同じように太陽を眺めているかもしれません。

©なよろ市立天文台

●「牝山羊」と「ダンディな星」

カペラにはラテン語で「牝山羊」の意味があり、ぎょしゃ座は山羊を抱いた男性としてよく描かれます。絵によっては山羊を背負っており、ホンディウスの天球儀でも背中のζ星サクラテニとη星ハエドゥスのあたりに山羊が描かれています。参考文献『星座の神話 星座史と星名の意味』(原 恵著)によればζ星にはホエドゥス・プリムス(第1の山羊)、η星にはホエドゥス・セクンドゥス(第2の山羊)の別名があり、古代ギリシャでは「こやぎ座」として独立させていたといいますから、これに由来するのかもしれません。

また、参考文献『星の名前のはじまり アラビアで生まれた星の名称と歴史』(近藤二郎著)によると、カペラにはアル=アイユークというアラビア語名があり、「ダンディな星」という意味を持ちます。牝山羊とは印象が変わりますね。みなさんならば、カペラを見つけたらどのような名前をつけるでしょうか?

ホンディウスの天球儀に描かれたぎょしゃ座

ぎょしゃ座の右足にある星エルナトは、現在ではおうし座のβ星とされています。

★ 冬の星座

いっかくじゅう座
Monoceros

面　積：482平方度
20時正中：3月上旬
設定者：プランキウス

見た者に幸福をもたらすという空想の一角獣

α星

α星固有名なし　　144光年　　3.94等級

©アストロアーツ

　冬の大三角の内側にある、角が生えた馬の姿をした星座です。ユニコーンと呼ばれる空想上の動物で、その姿を見た者は幸福になるという伝説があります。プラネタリウムで紹介すると喜ばれる星座ですが、暗い星ばかりで実際の空で見つけるのは難しいでしょう。まさに「見えたらラッキー」な星座ということになるでしょうか。

冬景色と星座

富士山の上に冬のダイヤモンドが見え
る。写真中央の左にあるふたご座には
木星が位置し、大きなダイヤモンドの中
でひときわ明るく輝く。

2014 年 1 月下旬
山梨県富士河口湖町
撮影／牛山俊男

★ 冬の星座

うさぎ座
Lepus

オリオン座の獲物？

面　積：290平方度
20時正中：2月上旬
設定者：プトレマイオス

| α星アルネブ | 1280光年 | 2.58等級 |

©アストロアーツ

　オリオン座の下方にある星座で、4つの3等星が目印になります。うさぎ座のα星である3等星アルネブはアラビア語のアルナブに由来し、意味はそのまま「ウサギ」です。星座絵で見るとオリオン座とおおいぬ座がすぐ近くにあるので、狩人と猟犬がとらえた獲物のようにも見えます。お正月にも見えるので、うさぎ年のときなどによく紹介します。

★ 冬の星座

はと座
Columba

面　積：270 平方度
20 時正中：2 月上旬
設定者：プランキウス

ノアの方舟（はこぶね）から放たれた鳥

| α星ファクト | 268 光年 | 2.65 等級 |

©アストロアーツ

　日本から見ると、おおいぬ座の西側から南側の低いところにあり、小さく暗い星で見つけるのが難しい星座です。旧約聖書に登場するノアの方舟に乗ったハトで、この話に基づいてはと座の星座絵もオリーブの若葉をくわえた姿で描かれています。近くに描かれるアルゴ船（P.230）をノアの方舟と考えると、この位置に設定されたのも納得です。

★ 冬の星座

きりん座
Camelopardalis

面　積：757平方度
20時正中：2月中旬
設定者：プランキウス

ラクダ？ キリン？ キリンです

| α星固有名なし | 6940光年 | 4.26等級 |

©アストロアーツ

　おおぐま座とカシオペヤ座の間にある大きな星座ですが、暗い星ばかりで見つけるのは大変です。動物園では大人気の動物ですが、星座としては明るい星がなく、ここに首の長いキリンの姿を想像するのは難しいでしょう。キリンではなくラクダの星座として紹介されることもあったという、少し不思議な経歴を持つ星座です。

★ 冬の星座

かじき座
Dorado

様々な姿で描かれる大魚

面　積：179 平方度
20 時正中：1 月下旬
設定者：ケイザーおよび
　　　　ハウトマン

ホンディウスの天球儀（上）とバラデルの天球儀（下）に描かれたかじき座

α星固有名なし　　176 光年　　3.30 等級

© アストロアーツ

　沖縄でも一部しか目にすることができず、日本からは見えにくい星座です。隣にあるテーブルさん座との境界近くには、大マゼラン雲があります。この星座の魚種については諸説ありますが、私たちがイメージするカジキマグロではなく、シイラという種類の魚であるようです。絵によっても魚の姿が変わります。

★ 冬の星座

とも座、らしんばん座、りゅうこつ座、ほ座
Puppis, Pyxis, Carina, Vela

4つに分かれた大きなアルゴ船

　これら4つの星座は、昔ここにあった大きな帆船の星座「アルゴ座」を構成していました。とも座は船尾、ほ座は船に張られた帆、りゅうこつ座は船底の構造材（中央を船首から船尾にかけて通す）、らしんばん座は航海で使用する方位を知るための装置を表します。アルゴ船はギリシャの勇士イアソンが多くの仲間とともに乗り込んだ船で、この物語の登場人物はほかの星座にも多く関係しています。

バラデルの天球儀に描かれたアルゴ船

面　積：673平方度（とも座）
　　　：221平方度（らしんばん座）
　　　：494平方度（りゅうこつ座）
　　　：500平方度（ほ座）
20時正中：3月中旬（とも座）
　　　：4月上旬（らしんばん座）
　　　：3月下旬（りゅうこつ座）
　　　：4月中旬（ほ座）
設定者：ラカイユ

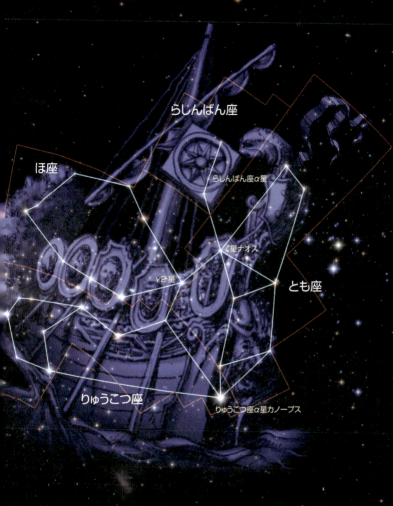

とも座	ζ星ナオス	1400 光年	2.21 等級
らしんばん座	α星固有名なし	845 光年	3.68 等級
りゅうこつ座	α星カノープス	313 光年	−0.62 等級
ほ座	γ2星固有名なし	841 光年	1.75 等級

※とも座、りゅうこつ座、ほ座の星々はアルゴ座としてバイエル名（P.20）がつけられていますが、らしんばん座のみ改めてギリシャ文字での星名がつけられています。

★ 冬の星座

主な天体

■ りゅうこつ座α星カノープス

日本本土では高く昇っても、地平線近くにしか見えず、なかなか見えにくい星です。同緯度程度にある中国の都市でも同じように見えにくい星であったためか、長寿を願う人々がこの星を見ることができると大変縁起がよいとされ、「南極老人星」「老人星」「寿星」などと呼ばれました。本来は白色の星ですが、空の低い位置にあるため地球の大気の影響で実際の明るさよりも暗く、赤っぽく見えます。冬の大三角が高く昇る頃に、その下のほうで探しましょう。

撮影／牛山俊男

地平線近くに見えるカノープス

● 今はない「チャールズのかしのき座」

りゅうこつ座のβ星のあたりには、かつてチャールズのかしのき座という星座がつくられました。これは英国の天文学者ハレーが、スポンサーであった国王チャールズ2世の名誉のために設定したといいます。戦いに敗れたチャールズ2世が、身を隠して敵をやりすごした樫の木（ロイヤルオークと呼ばれます）がモデルになっています。現存しない星座ですが、大航海時代の天球儀にも描かれています。

バラデルの天球儀（左）とラランデの天球儀（右）にそれぞれ描かれたチャールズのかしのき座

アルゴ船とイアソンの冒険

　4つの星座に分割された「アルゴ座」は大きな船の星座でした。ギリシャ神話によればアルゴ船は「速い」という意味を持つ巨大な帆船で、この船に乗り込んだ人々の冒険は壮大な物語として知られます。この物語は非常に長いため、ここでは省略してご紹介します。

　ギリシャにあるイオルコスの王の息子イアソンは、賢者ケイローン（いて座、P.116）のもとで成長すると、伯父ペリアスに父から奪った王位の返還を求めます。ペリアスはコルキス国にいる金色の毛が生えた羊の毛皮を取ってくることを条件に提示し、イアソンはこれを実現するために50人の勇士を集めます。アルゴナウタイと呼ばれるこの仲間の中には、勇者ヘラクレス、名医アスクレピオス、琴の名手オルフェウス、馬術の名人カストルとボクシングの名人ポルックスの双子の兄弟など、星座にも関係する英雄たちが名を連ねました。イアソンはこの仲間たちとともに巨大なアルゴ船で冒険を続け、ついには黄金の羊の毛皮を手にすることができたといいます。

　この物語は様々な詩や劇のテーマにもなっていますので、ご興味をお持ちの方はぜひ神話の本などをご参照ください。

■ **イアソンの物語に登場する星座たち**

アルゴ船	とも座
	らしんばん座
	りゅうこつ座
	ほ座
黄金の羊	おひつじ座
イアソンの師ケイローン	いて座
勇者ヘラクレス	ヘルクレス座
名医アスクレピオス	へびつかい座
琴の名手オルフェウス	こと座
馬術の名手カストル	ふたご座
ボクシングの名手ポルックス	

『ペリアスに金の羊の毛皮を手渡すイアソン』
（紀元前340〜330年頃、ルーブル美術館蔵）

233

★ 冬の星座

ちょうこくぐ座
Caelum

面　積：125平方度
20時正中：1月下旬
設定者：ラカイユ

彫刻の道具「のみ」がモチーフ

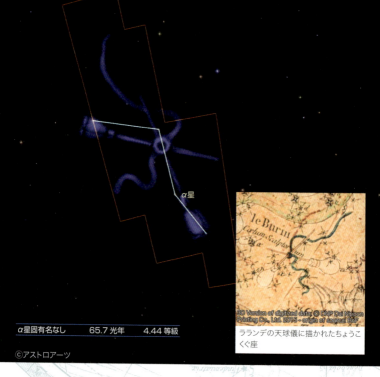

| α星固有名なし | 65.7 光年 | 4.44 等級 |

©アストロアーツ

ラランデの天球儀に描かれたちょうこくぐ座

　フランスの天文学者ラカイユが設定した星座で、日本から見るとオリオン座の下のうさぎ座よりもさらに下にあり、最も明るい星でも4等星という見つけにくい星座です。彫刻に使う道具である「のみ」がモチーフで、星座絵では2本ののみをリボンで束ねたような姿で描かれますが、プラネタリウムでも名前と絵だけではなかなか伝わりにくい星座です。

★ 冬の星座

ろ座
Fornax

かまどのような実験器具

面　積：398 平方度
20時正中：12月下旬
設定者：ラカイユ

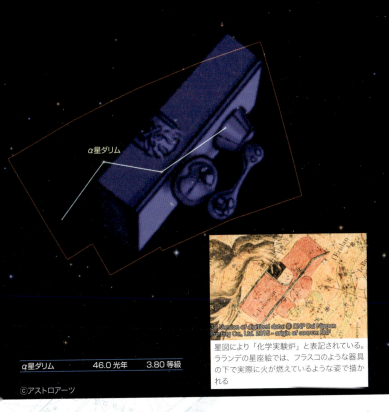

星図により「化学実験炉」と表記されている。ラランデの星座絵では、フラスコのような器具の下で実際に火が燃えているような姿で描かれる

| α星ダリム | 46.0 光年 | 3.80 等級 |

©アストロアーツ

　くじら座の南の方にある星座です。ひらがな1文字の星座なので、プラネタリウムでも星座の名前が出てくると「ろ？　ろって何なの？」という疑問の声がよく聞こえてきますが、科学実験で火を使うときに利用する「炉（ろ）」の星座です。ラランデの天球儀にも、2つの実験器具を置いたような姿で描かれています。

235

★ 冬の星座

がか座
Pictor

画家が使う美術用具のひとつ

面　積：247平方度
20時正中：2月上旬
設定者：ラカイユ

| α星固有名なし | 99.0光年 | 3.24等級 |

©アストロアーツ

ラランデの天球儀。Equuleus の文字や三脚台にかけられたパレットが描かれている

　画家が使用するイーゼルの星座で、細長い三脚台を形づくるように星を結びます。りゅうこつ座のカノープスのすぐ隣にありますが、日本からはほとんど見えない星座です。ラテン語名でEquuleus Pictoris（画家の馬＝画架）、別名Pluteum Pictoris（画家のパレット）と呼ばれていたこともあります。

column

ラカイユの星座

ラランデの天球儀のらしんばん座

　ニコラ=ルイ・ド・ラカイユはフランスの天文学者で、測量技師でもありました。同じフランスの天文学者ジャック・カッシーニ（土星の衛星や環の空隙を発見したジョバンニ・カッシーニの息子）を師として、18世紀に南アフリカのケープタウンの天文台において2年間の恒星の位置観測を行い、南天の星表を作成したことで知られています。1万もの恒星を観測し、月と太陽の視差を測定したほか、地球の半径を測定して子午線や緯度の測量も行いました。南アフリカから帰国後には、これらの観測の功績を認められてヨーロッパ各国のアカデミーに名を連ねますが、1762年に49歳で死去しました。死因は過労であったと考えられています。

　さて、ラカイユは天球の南半球に多くの星座を新設していましたが、古くからあるギリシャ神話をモチーフにした星座とは異なり、けんびきょう座やぼうえんきょう座といった科学実験器具などを星座として多く設定しています。ラカイユが活躍した時代の発明品や実用化しつつあった道具から、時代背景などを調べるのも楽しいかもしれません。

■ ラカイユが新設した星座

がか座（P.236）	けんびきょう座（P.191）	コンパス座（P.243）
じょうぎ座（P.137）	ちょうこくぐ座（P.234）	ちょうこくしつ座（P.190）
テーブルさん座（P.245）	とけい座（P.244）	はちぶんぎ座（P.244）
ぼうえんきょう座（P.136）	ポンプ座（P.74）	らしんばん座（P.230）
レチクル座（P.245）	ろ座（P.235）	

※名称をつけたアルゴ座の各部（らしんばん座以外）は除きます。

★ 南半球の星座 ★

南半球で眺める星空には、大航海時代に多くの星座が設定されました。日本からは見えない星座や天体もあり、私たちの好奇心を刺激します。

2020年2月下旬
ニュージーランド 南島 テカポ
撮影／牛山俊男

　　南半球といえばみなみじゅうじ座が有名ですが、時期を選べば沖縄で見ることもできます。この小さな十字の縦線を4.5倍ほど南にのばした先には南天における星の巡りの中心「天の南極」があり、この付近にあるはえ座やカメレオン座のような星座たちや、肉眼でも確認できる有名な大マゼラン雲と小マゼラン雲などの天体は、日本からは見ることができません。大マゼラン雲と小マゼラン雲は実際には銀河であるため、2つまとめてマゼラン銀河とも呼びます。

　　南国へ旅をする機会があれば、出発前にどんな星座がどんな風に見えるのかを調べておくと、旅の楽しみ方も広がります。

★ 南半球の星座

みなみじゅうじ座
全天で最も小さい星座
Crux

面　積：68平方度
20時正中：5月下旬
設定者：プランキウス

　全星座の中で最も小さい星座です。α星アクルックスとβ星ミモザという2つの1等星を含めた十字の形は大人気です。南半球でよく見えるため「憧れの南十字星」ともいわれますが、沖縄あたりではからす座が高く昇る頃にその下を探すと全体が見えます。

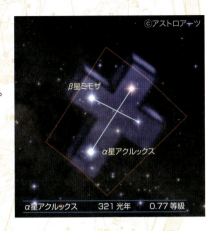

| α星アクルックス | 321光年 | 0.77等級 |

はえ座
唯一の昆虫の星座
Musca

面　積：138平方度
20時正中：5月下旬
設定者：ケイザーおよび
　　　　ハウトマン

　ケンタウルス座の後ろ足のあたり、みなみじゅうじ座のすぐ隣にあります。プラネタリムで解説してもよく驚かれますが、昆虫の星座は唯一このはえ座だけです。昔はみつばち座と呼ばれていましたが、現在でははえ座が正式な星座名とされています。

| α星固有名なし | 306光年 | 2.69等級 |

★ 南半球の星座

カメレオン座
ハエを狙う不思議な動物
Chamaeleon

面　積：132平方度
20時正中：4月下旬
設定者：ケイザーおよび
　　　　ハウトマン

　すぐ隣にはえ座があり、まるで餌として狙っているかのように描かれています。明るい星がないため、舌をのばしたユーモラスなカメレオンを想像するのは困難ですが、はえ座とともにプラネタリムで紹介すると喜ばれる星座のひとつです。

α星固有名なし　　63.5光年　　4.05等級

ふうちょう座
足がない鳥!?
Apus

面　積：206平方度
20時正中：7月中旬
設定者：ケイザーおよび
　　　　ハウトマン

　南方の密林に棲む美しい極楽鳥（風鳥）がモデルだといいます。大航海時代以降、ヨーロッパで重宝され、はく製を輸出するときに足が切られていたため「木にとまらず風に乗って空を飛んでいる」と思われ、星座絵でも足がない姿で描かれます。

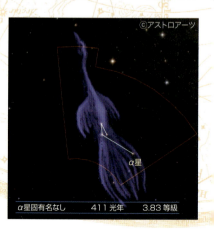

α星固有名なし　　411光年　　3.83等級

★ 南半球の星座

くじゃく座
オスは鮮やかな飾り羽を持つ
Pavo

面　積：378 平方度
20 時正中：9月上旬
設定者：ケイザーおよび
　　　　ハウトマン

　鮮やかな飾り羽をもつオスのクジャクの姿で描かれます。大航海時代に認められた星座で、α星ピーコックはクジャクの長い首の先にある頭に位置する2等星です。ちなみに、ピーコックは英語でそのまま「クジャク（特にオス）」という意味です。

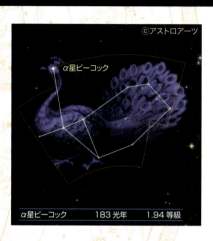

| α星ピーコック | 183 光年 | 1.94 等級 |

きょしちょう座
大きく派手なくちばしを持つ
Tucana

面　積：295 平方度
20 時正中：11 月中旬
設定者：ケイザーおよび
　　　　ハウトマン

　漢字で「巨嘴鳥」と書く鳥の星座です。中南米の熱帯雨林などに生息する鳥で、文字どおり大きなくちばしを持ち、オオハシ（大嘴）と呼ばれます。きょしちょう座の足元のあたり、みずへび座との境界近くには小マゼラン雲と呼ばれる銀河があります。

| α星固有名なし | 199 光年 | 2.87 等級 |

★ 南半球の星座

みずへび座
水中を泳ぐ小さな蛇？
Hydrus

面　積：243 平方度
20 時正中：12 月下旬
設定者：ケイザーおよび
　　　　ハウトマン

　小さな蛇の星座で、日本からはほぼ見えません。ラランデの天球儀には、この星座の近くに l'Hydre Male（オスのヒュドラ）と書かれています。ヒュドラといえば春の星座であるうみへび座（P.70）ですが、うみへび座がメスかどうかは定かではありません。

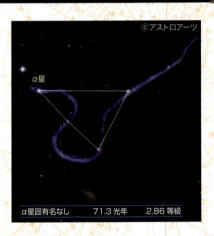

α星固有名なし　　71.3 光年　　2.86 等級

とびうお座
アルゴ船近くで空を飛ぶ魚
Volans

面　積：141 平方度
20 時正中：3 月中旬
設定者：ケイザーおよび
　　　　ハウトマン

　りゅうこつ座の南にあり、日本からはほぼ見えない星座です。星座絵で見ると、大きな船（アルゴ船）のすぐ近くで海面から飛び跳ねているように見えます。隣にはかじき座もあり、大航海時代の船旅で見えた光景を星座に反映したのでしょうか。

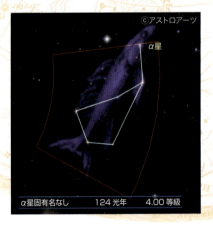

α星固有名なし　　124 光年　　4.00 等級

★ 南半球の星座

みなみのさんかく座
南に見える三角定規
Triangulum Australe

面　積：110平方度
20時正中：7月中旬
設定者：ケイザーおよびハウトマン

　じょうぎ座の南にあり、日本からはほとんど見えません。ケイザーたちが創案した星座の中で、唯一生物ではない星座です。見たそのままの形の星座ですが、近くにはコンパス座などもあるので、星座絵で並ぶとやはり文具の三角定規に見えてきます。

©アストロアーツ
α星アトリア
α星アトリア　　415光年　　1.91等級

コンパス座
円を描く文具の星座
Circinus

面　積：93平方度
20時正中：6月下旬
設定者：ラカイユ

　ケンタウルス座α星の隣にある、小さな星座です。らしんばん座のような方位磁針もコンパスと呼びますが、こちらは円を描くときに使用する文具のことです。隣にじょうぎ座とみなみのさんかく座があり、今にも作図が始まりそうな並びになっています。

©アストロアーツ
α星
α星固有名なし　　53.5光年　　3.18等級

★ 南半球の星座

はちぶんぎ座
航海時の必需品
Octans

面　積：291平方度
20時正中：10月上旬
設定者：ラカイユ

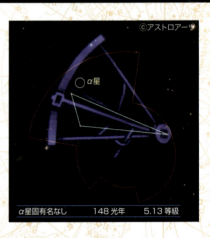

ろくぶんぎ座と同じく天体観測に使う道具の星座で、八分儀も地平線からの高度などを計測するときに使用します。この星座には南半球での星の巡りの中心、つまり天の南極が位置していますが、南極星と呼ぶにふさわしい明るく目立つ星はありません。

α星固有名なし　　148光年　　5.13等級

とけい座
17世紀の発明品
Horologium

面　積：249平方度
20時正中：1月上旬
設定者：ラカイユ

18世紀にラカイユが設定した星座で、エリダヌス座のα星アケルナルの近くに位置します。17世紀にオランダの科学者クリスティアン・ホイヘンスが発明した「振り子時計」の星座であり、星座絵も長い振り子を備えた時計として描かれています。

α星固有名なし　　117光年　　3.85等級

★ 南半球の星座

レチクル座
照準合わせに使います
Reticulum

面　積：114平方度
20時正中：1月中旬
設定者：ラカイユ

　レチクルはラテン語で「網状のもの」という意味があり、ここでは天体望遠鏡の接眼レンズの焦点面に張る十字線を指します。ラカイユの望遠鏡に張られたひし形のレチクルともいわれますが、別人が設定してラカイユが採用したとも考えられています。

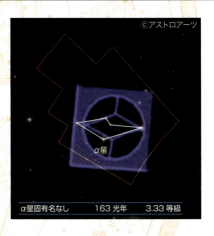

α星固有名なし　　163光年　　3.33等級

テーブルさん座
実在する山の星座
Mensa

面　積：153平方度
20時正中：2月上旬
設定者：ラカイユ

　南アフリカの最南端、喜望峰の近くにある「テーブル山」という山をかたどった星座です。山頂がテーブルのように平らな形をした山で、星座の中で唯一実在する地名が採用されています。隣のかじき座との境界近くに、大マゼラン雲があります。

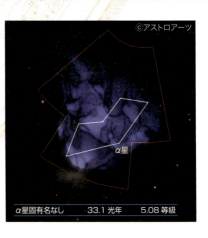

α星固有名なし　　33.1光年　　5.08等級

★ 太陽系の星たち

太陽系の星たち

☀ 太陽系とは

　太陽とその周りを回る天体で構成される系を太陽系といいます。太陽の周りを円に近い楕円軌道で公転する8つの惑星（水星、金星、地球、火星、木星、土星、天王星、海王星）と、さらにその周りを公転する衛星などのほか、小惑星、彗星、太陽系外縁天体、星間ダストなども含みます。

　惑星を見るには望遠鏡が必要だと思われる方も多いかもしれませんが、明るい金星などは肉眼で見ることができます。小さな望遠鏡でも月のクレーターや木星のガリレオ衛星などを楽しむことができるので、惑星の見え方や位置などの情報を国立天文台のウェブサイトやプラネタリウムでチェックして、ぜひ自分の目で確かめましょう。

© NASA/JPL

太陽系の星たち

太陽

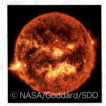
© NASA/Goddard/SDO

太陽は水素の核融合反応で光と熱を発しており、中心温度は約1500万℃、表面温度は約6000℃です。表面には周囲よりも温度が低いため暗く見える黒点があり、その数や大きさも変化します。古代中国には「日没時に太陽の中にカラスが見えた」との記録があり、これは黒点の肉眼観測記録を示す可能性もあるといいます。太陽にいるといわれる3本足の八咫烏の由来なのかもしれません。ただし太陽は決して肉眼で見ず、必ず専用グラスで観察しましょう。

惑星

© 国立天文台
木星

太陽系の惑星たちは太陽光を浴びて輝きます。肉眼で見える明るい惑星もありますが、恒星に比べてその瞬きが小さいのも特徴です。また、惑星を地上から観察すると、日ごと恒星間を移動していくように見えます。もともとは天球上をさまようように動く光の点という特徴から「惑う星」と呼ばれました。

準惑星・彗星・小惑星

冥王星　© NASA/Johns Hopkins University Applied Physics Laboratory/Southwest Research Institute

冥王星が2006年に惑星から準惑星となったように、太陽系天体は大きさや公転軌道などの特徴で定義されます。彗星はガスやダストを放出しながら長周期で太陽を公転する氷天体、小惑星は惑星になりきれずに残存した天体で、太陽系誕生当時の情報を得るために多くの探査が行われています。太陽系には、惑星だけではなく様々な天体が含まれているのです。

★ 太陽系の星たち

☀ 太陽系の8つの惑星

水星 Mercury

公転周期：約88日
赤道半径：2440km

表面には月のようなクレーターが確認されており、昼の表面温度は約430℃、夜は−170℃にもなる過酷な環境の惑星です。明るく肉眼でも見えますが、太陽の近くにあるため、地上からでは観測するのが難しい惑星です。

© NASA/Johns Hopkins University Applied Physics Laboratory/Carnegie Institution of Washington

金星 Venus

公転周期：約225日
赤道半径：6052km

上空に浮かぶ濃硫酸の雲におおわれ、大気中の二酸化炭素による温室効果で、地表面は昼も夜も約460℃にもなります。金星は−4等級を超えることもある大変明るい惑星で、望遠鏡なら月のように満ち欠けをする様子も楽しめます。

© NASA/JPL-Caltech

地球 Earth

公転周期：約1年
赤道半径：6378km

現在のところ生命の存在を確認できる唯一の天体です。宇宙から眺めると青く見える惑星であり、1990年2月に約60億km離れたボイジャー2号が撮影した写真（Pale Blue Dot）には、地球が小さな淡く青い点として写っています。

© NASA

火星 Mars

公転周期：約1年11か月
赤道半径：3396km

岩石が含む酸化鉄の影響で赤く見える惑星です。極地域に水と二酸化炭素の固体でできた白い極冠が見えることもあり、過去には液体の水が存在したことも判明しています。地球とは約2年2か月に一度最接近し、明るく見える観望好機を迎えます。

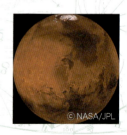

© NASA/JPL

太陽系の星たち

木星 Jupiter

公転周期：約12年
赤道半径：7万1492km

©国立天文台

水素とヘリウムを主成分とする巨大ガス惑星で、表面の雲がつくる東西にのびた帯状や渦状の構造も見られます。最大の渦構造は大赤斑（だいせきはん）と呼ばれる大きな嵐です。地上からも明るく見え、約12年で天を1周するように見えることから「歳星（さいせい）」とも呼ばれました。

土星 Saturn

公転周期：約29.5年
赤道半径：6万0268km

©国立天文台

肉眼でも見える惑星で、土星の環は小さな天体望遠鏡でも確認できます。環は数cm～数十mの氷塊などからできており、非常に薄いために土星の傾きによっては地球から見えないことがあります。これは「環の消失」と呼ばれ、15年に一度起きます。

天王星 Uranus

公転周期：約84年
赤道半径：2万5559km

© NASA/JPL

巨大ガス惑星のひとつで、大部分が水、アンモニア、メタンの氷であるため、海王星とともに巨大氷惑星とも呼びます。細い環を持ち、軌道面に対してほぼ横倒しで公転しています。地上では5等級ほどの明るさなので肉眼で見つけるのは大変です。

海王星 Neptuno

公転周期：約165年
赤道半径：2万4764km

© NASA/JPL

天王星と同じような構造で薄い環もあります。1989年にボイジャー2号が楕円形の暗い模様を観測しましたが、その成因は判明していません。地上から見ると明るいときでも8等級くらいなので、あらかじめ位置を確認して天体望遠鏡などで探しましょう。

249

★ 太陽系の星たち

🌙地球の唯一の衛星、月

　地球から月までの距離は平均すると約38万kmで、約27日かけて地球の周りを回る衛星です。

　大きさは地球の約4分の1で重力も地球の約6分の1になるため、月では非常に高くジャンプできます。

©国立天文台

月の満ち欠け

　月は自分で光っていないため、地球や太陽との位置関係で形が変わるように見えます。地球から見て、太陽と同じ方向にあるときは明るい部分は見えず新月、日が経ち太陽から90°離れると西側半分が明るい上弦の月、太陽の反対側になると満月、太陽との角度が90°になると東側半分が明るい下弦の月になります。

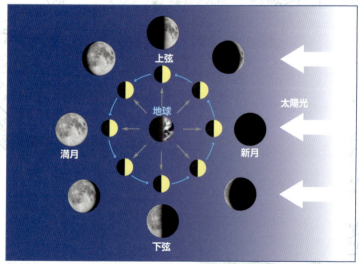

（株式会社アストロアーツの「ステラナビゲータ12」を使用して作成）

太陽系の星たち

クレーター

　月のクレーターは一般的に隕石が衝突した跡であることがよく知られています。工作キットでつくる小さな望遠鏡でも見え、満月よりも欠けた月の欠け際を見るのがおすすめです。地球大気の影響でゆらめいて見えるクレーターの臨場感を、ぜひ体験してください。

©国立天文台

中秋の名月とは?

　「中秋の名月」は、かつて使われていた太陰太陽暦の8月15日に見える月のことです。秋分に近い満月の頃になりますが、中秋の名月は必ずしも満月になるとは限りません。満月と同じ日になることもあれば、その前日などにずれることもあります。中秋の名月を眺めるお月見は、平安時代に中国から伝わったとされますが、日本では里芋を供えたので「いも名月」とも呼ばれます。

　また、太陰太陽暦の9月13日にもお月見をする習慣があり、こちらは「後の月」や「十三夜」と呼ばれ、栗や枝豆を供えるので「栗名月」「豆名月」ともいいます。

　お月見のお供えは、地域によっても特色があるようです。自分の故郷や住んでいる地域では何をお供えするのか、調べるのも面白いかもしれません。

撮影／牛山俊男

251

星空の世界を身近で楽しむ
プラネタリウムの魅力

＊プラネタリウムとは？

ツァイスⅠ型
ⓒ明石市立天文科学館
（参考【プラネタリウム100周年記念事業】
https://100.planetarium.jp/）

　プラネタリウムは、もともとPlanet（惑星）の動きを再現する装置のことをいいます。光源とレンズで恒星や惑星を映す近代的な光学式プラネタリウム「ツァイスⅠ型」は、1923年ドイツのカールツァイス社で誕生し、ドイツ博物館で関係者向けに試験公開されました。その後、世界中の星空を再現できるよう改良された「ツァイスⅡ型」が世界各地に広がり、1937年には大阪市立電気科学館（当時）に日本初のプラネタリウムとして設置されました。

＊近代的なプラネタリウムのしくみ

　近代的なプラネタリウムでは光源、星の位置に穴があいた板（恒星原板）、レンズで恒星を表現し、惑星や太陽、月を映す機構と連動して指定した場所と日時の星空を映します。昔の機械では惑星の動きを歯車で再現しますが、近年ではモーターとコンピュータにより制御できるようになりました。操作はコ

コンソールを操作している様子

ンソールと呼ばれる操作卓で行い、自動でプログラムを流す施設もあります。コンピュータとプロジェクターによるデジタル式プラネタリウムも普及し、様々な表現の場としても活用されています。

＊ プラネタリウムの楽しみ方

　日本は世界有数のプラネタリウム大国であり、各地にあるプラネタリウム館では多彩なプログラムが実施されています。解説員が生解説で星空を案内するスタイルもあれば、音楽や声優さんのナレーションに合わせて自動で演出が進むプログラムもあります。

　星空と同じように、プラネタリウムの楽しみ方や好みも人それぞれです。ぜひ近隣や旅行先でプラネタリウム館を訪れて、お気に入りのプラネタリウムを見つけましょう。

世界最大級のドームで星空を楽しむ
多摩六都科学館

　多摩六都科学館は観察、実験、工作が楽しめる体験型ミュージアムとして1994年に開館し、小平市、東村山市、清瀬市、東久留米市、西東京市の5市で運営しています。世界最大級のプラネタリウムドーム「サイエンスエッグ」(直径27.5m) の中で、光学式プラネタリウム「CHIRON Ⅱ」が1億4000万個を超える星々を映し出します。星空とその時々のテーマを、個性豊かな解説員が生解説で紹介するスタイルが好評です。
（公式サイト）https://www.tamarokuto.or.jp/

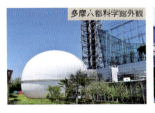
多摩六都科学館外観

プラネタリウムドーム内観

主要用語さくいん

欧文

Cr399	131
h-χ（エイチ・カイ）	167
M1	217
M4	109
M13	115
M27	131
M31	158
M41	211
M42	207
M44	73
M45	215
M52	161
M57	99
M74	177
M78	207
M80	109
M83	71
M87	49
M104	49
NGC2392	219
NGC5139	77
NGC6543	127
NGC7293	173
αケンタウリ星系	77
ω星団	77

あ行

秋の四辺形	140
アクルックス	23
アケルナル	23
アステリズム	19
アルギエバ	53
アルクトゥールス	23, 45
アルゴル	167
アルタイル	23
アルデバラン	23, 216
アルビレオ	105
アルフェラッツ	157
亜鈴状星雲	131
アンタレス	23, 109

アンドロメダ座	26, 156
アンドロメダ銀河	158
いっかくじゅう座	26, 224
1等星	21, 23
いて座	26, 116
いて座A*（エースター）	
	117
いるか座	26, 132
インディアン座	26, 189
うお座	26, 176
うさぎ座	26, 226
うしかい座	26, 44
うみへび座	26, 70
エリダヌス座	26, 221
おうし座	26, 214
おおいぬ座	26, 210
おおかみ座	26, 78
おおぐま座	26, 56
おとめ座	26, 48
おとめ座のダイヤモンド	
	32
おひつじ座	26, 182
オリオン座	26, 206
オリオン大星雲	207

か行

ガーネット・スター	171
海王星	249
がか座	26, 236
カシオペヤ座	26, 160
かじき座	27, 229
カストル	219
火星	248
かに座	27, 72
かに星雲	217
カノープス	23, 232
カペラ	23, 223
かみのけ座	27, 82
かみのけ座銀河団	83
カメレオン座	27, 240
からす座	27, 68
かんむり座	27, 66

キャッツアイ星雲	127
きょしちょう座	27, 241
ぎょしゃ座	27, 222
ギリシャ文字	21
きりん座	27, 228
銀河	24
金星	248
くじゃく座	27, 241
くじら座	27, 164
ケイザー	25
ケフェウス座	27, 170
ケンタウルス座	27, 76
ケンタウルス座α星	
	23, 77
けんびきょう座	27, 191
こいぬ座	27, 213
恒星	20
黄道十二星座	184
こうま座	27, 155
コートハンガー	131
こぎつね座	27, 130
こぐま座	27, 60
こじし座	27, 81
コップ座	27, 69
こと座	27, 98
コルカロリ	65
コンパス座	27, 243

さ行

歳差運動	128
さいだん座	27, 135
さそり座	28, 108
さんかく座	28, 185
しし座	28, 52
しし座流星群	54
秋分点	124
春分点	124
準惑星	247
じょうぎ座	28, 137
小惑星	247
シリウス	23, 211
彗星	247

254

水星 248
スピカ 23, 49
星雲 24
星座 18
星団 24
ソンブレロ銀河 49

た行

太陽 247
太陽系 246
たて座 28, 120
ダブルダブルスター 99
地球 248
ちょうこくぐ座 28, 234
ちょうこくしつ座 28, 190
月 250
つる座 28, 188
テーブルさん座 28, 245
デネブ 23
天球儀 16
天王星 249
てんびん座 28, 122
とかげ座 28, 186
とけい座 28, 244
土星 249
とびうお座 28, 242
とも座 28, 230
トリマン 77

な行

夏の大三角 86
南斗六星 116, 119

は行

ハウトマン 25
はえ座 28, 239
はくちょう座 28, 104
はくちょう座X-1 105
ハダル 23
はちぶんぎ座 28, 244
馬頭星雲 207
はと座 28, 227

ハマル 183
春の大曲線 32
春の大三角 32
春のダイヤモンド 32
ヒヤデス星団 216
ふうちょう座 28, 240
フォーマルハウト 23, 181
ふたご座 28, 218
ふたご座流星群 220
プトレマイオス 25
冬の大三角 194
冬のダイヤモンド 194
プラネタリウム 252
プランキウス 25
プレアデス星団 215
プレセペ星団 73
プロキオン 23
プロキシマケンタウリ 77
ヘヴェリウス 25
ベガ 23
ペガスス座 28, 152
ペガスス座51番星 153
ペガススの四辺形 140
ベテルギウス 23
へび座 28, 112
へびつかい座 28, 112
へびつかい座の球状星団 113
ヘルクレス座 29, 114
ペルセウス座 29, 166
ペルセウス座流星群 168
変光星 22
ぼうえんきょう座 29, 136
ほうおう座 29, 187
北斗七星 56, 57
ほ座 29, 230
北極星 60, 62, 140
ポルックス 23
ポンプ座 29, 74

ま行

みずがめ座 29, 172
みずへび座 29, 242
みなみじゅうじ座 29, 239
みなみのうお座 29, 180
南の回転花火銀河 71
みなみのかんむり座 29, 121
みなみのさんかく座 29, 243
ミモザ 23
ミラ 165
木星 249

や行

やぎ座 29, 178
や座 29, 134
やまねこ座 29, 80

ら行

ラカイユ 25, 237
らしんばん座 29, 230
ラランデ 25
リギルケンタウルス 77
リゲル 23
りゅうこつ座 29, 230
りゅう座 29, 126
流星 24
流星群 24
りょうけん座 29, 64
レグルス 23
レチクル座 29, 245
ろくぶんぎ座 29, 79
ろ座 29, 235

わ行

惑星 247
わし座 29, 102

255

齋藤正晴（さいとう・まさはる）

多摩六都科学館天文グループ職員。静岡県富士市出身。宮城教育大学大学院修了後、私立中学高等学校の理科教員として勤務。その後、理科実験教室講師を経て、2012年より現職。多摩六都科学館ではプラネタリウム解説をはじめとして、番組の企画・制作、天体観望会やイベントの企画・運営などを担当する天文グループに所属している。趣味はサッカー観戦と漫画を読むことのほか、妖怪や民俗学にも興味を持つ。

星空・天体写真提供	牛山俊男（自然写真家）
古天球儀画像提供	大日本印刷株式会社
写真・画像協力	多摩六都科学館、国立天文台、なよろ市立天文台、奈良文化財研究所、NASA、ESO、株式会社アストロアーツ
カバー・各月星座絵提供	多摩六都科学館
カバー背景写真	Pakin Songmor/gettyimages、iStock.com/jankovoy
本扉背景写真	Pakin Songmor/gettyimages
本文デザイン・DTP	松井孝夫（スタジオ・プラテーロ）
星図デザイン・作成	齋藤正晴、松井孝夫（スタジオ・プラテーロ）
カバーデザイン	萩原睦（株式会社志岐デザイン事務所）
校正	株式会社ぷれす、星野マミ
編集	松井美奈子（編集工房アモルフォ）

《主な参考・引用文献》

『新装改訂版 星座の神話星座史と星名の意味』原 恵著（恒星社厚生閣）／『星空のはなし 天文学への招待 新版』河原郁夫著（地人書館）／『星の名前のはじまり アラビアで生まれた星の名称と歴史』近藤二郎著（誠文堂新光社）／『星座の起源 古代エジプト・メソポタミアにたどる星座の歴史』近藤二郎著（誠文堂新光社）／『日本の星名事典』北尾浩一著（原書房）／『中国の星座の歴史 普及版』大崎正次著（雄山閣）／『アイヌの星』末岡外美夫著（旭川叢書）／『人間達（アイヌタリ）のみた星座と伝承』末岡外美夫著（私版）／『新版 まんがで読む星のギリシア神話』藤井龍二著（株式会社アストロアーツ）／『ギリシア・ローマ神話事典』マイケルグラント、ジョンヘイゼル共著（大修館書店）／『天文年鑑 2024年版』（誠文堂新光社）／『ステラナビゲータ 12』（株式会社アストロアーツ）／天文学辞典（日本天文学会）ウェブサイト／JAXA｜宇宙航空研究開発機構 ウェブサイト

本書の執筆にあたりましては、多くの方々のご協力をいただきました。心より感謝申し上げます。

夜空を見るのが楽しくなる！
星空図鑑

著 者	多摩六都科学館 齋藤正晴
発行者	池田士文
印刷所	日経印刷株式会社
製本所	日経印刷株式会社
発行所	株式会社池田書店 〒162-0851 東京都新宿区弁天町 43 番地 電話 03-3267-6821（代） FAX 03-3235-6672

落丁・乱丁はお取り替えいたします。
©Saito Masaharu 2024,Printed in Japan
ISBN 978-4-262-16759-6

[本書内容に関するお問い合わせ]
書名、該当ページを明記の上、郵送、FAX、または当社ホームページお問い合わせフォームからお送りください。なお回答にはお時間がかかる場合がございます。電話によるお問い合わせはお受けしておりません。また本書内容以外のご質問などにもお答えできませんので、あらかじめご了承ください。本書のご感想についても、当社HPフォームよりお寄せください。
[お問い合わせ・ご感想フォーム]
当社ホームページから
https://www.ikedashoten.co.jp/

本書のコピー、スキャン、デジタル化等の無断複製は著作権法上での例外を除き禁じられています。本書を代行業者等の第三者に依頼してスキャンやデジタル化することは、たとえ個人や家庭内での利用でも著作権法違反です。

24000012